U0538393

天下雜誌
觀念領先

高成效
一對一會議
寶典

不緊張、不虛工，善用前饋增進互信、激發動力，主管、部屬都受用的溝通指南

Glad We Met
The Art and Science of
1:1 Meetings

史蒂文・羅吉伯格
Steven G. Rogelberg ——著

羅亞琪 ——譯

目錄

推薦序 用前饋驅動團隊成長與信任　　　　5
　　　　　馬歇爾・葛史密斯博士

前言　　一對一會議的目標、方法和科學原理　　9

[準備篇]

第 1 章　真的有需要嗎？　　　　　　　　　21
第 2 章　大家為什麼焦慮？　　　　　　　　35
第 3 章　固定會議頻率　　　　　　　　　　43
第 4 章　如何安排時間？　　　　　　　　　55
第 5 章　如何選擇地點？　　　　　　　　　63
第 6 章　如何開啟對話？　　　　　　　　　75
第 7 章　妥善安排議程　　　　　　　　　　91
　🔧　準備篇工具箱　　　　　　　　　　111

[執行篇]

第 8 章　會議的基本結構　　　　　　　　129
第 9 章　如何滿足個人需求　　　　　　　141
第 10 章　掌握過程的重點　　　　　　　　157
第 11 章　部屬該有的準備　　　　　　　　173
　🔧　執行篇工具箱　　　　　　　　　　191

[檢視篇]

第 12 章 會議結束之後　　　　　　　　　201
第 13 章 分析會議成效　　　　　　　　　211
　🔧　　檢視篇工具箱　　　　　　　　　219

[特殊情況篇]

第 14 章 跨級一對一會議　　　　　　　　227
第 15 章 會議量大增的應對方法　　　　　245
第 16 章 最重要的投資　　　　　　　　　261
　🔧　　特殊情況篇工具箱　　　　　　　267

注釋　　　　　　　　　　　　　　　　272

GLAD WE MET

―――― 推薦序 ――――
用前饋驅動團隊成長與信任

　　我擔任高階主管的教練已有超過四十年的資歷，使命是與領導者合作，為他們自己、團隊，以及組織帶來正向持久的轉變。領導力要發揮成效，主管與團隊成員之間建立的信任和溝通很重要。儘管有許多重要的行為和行動都可以建立信任感，但我所有的客戶都一定會經歷一個名為「前饋」（feedforward）的過程。

　　在職涯早期，我就非常明白一件事：領導者及其直屬部屬迫切需要一致且即時的回饋，以了解自己的進展和績效。然而，要讓這些領導者與他們的部屬進行會面，就好像是要他們拔牙似的。一提到回饋，許多人認為必須著眼過去、重提失敗，以及展開難以啟齒的困難對話。結果便是，部屬從未得到任何有意義的後續追蹤，績效也因此受到影響。一對一會議之所以令人聞之色變，是因為這表示在此期間會談到負面的主題和情緒。

　　反之，前饋不會令人害怕或不舒服，因為前饋是針對未來提出想法和建議。每位領導者都得跟部屬固定召開一對一會

議,此舉不僅能追蹤他們的工作進度,也可以針對未來的變化提供想法。這個過程有一個關鍵,那就是領導者也會詢問部屬,關於自己的領導力有什麼想法,並邀請員工思考各種方式,以協助他們日後領導得更好。這種除了針對未來給予建議,也要求得到建議的做法,以一種我從未見過的方式打開謙遜和溝通的大門。

前饋有個令人訝異的效果,那就是在設計一對一會議時,若至少把其中一項議程專注在個人和專業發展,可為領導者和員工帶來提出其他問題和擔憂的空間,且雙方合作的程度也會比以往大上許多。後來,這變成我的客戶一週當中的亮點。他們覺得與每個直屬部屬的關係更為緊密,且整個團隊的參與度和成長幅度也增加了。這個小小的改變使得一對一會議成為他們領導力的支柱,並大幅改變公司的整體文化和生產力。

在這本新書中,史蒂文解開成功的一對一會議所能發揮的全部潛力和好處,讓你可以在自己的團隊創造這些空間,促成有意義的連結和成長。這本書會回答許多與一對一會議有關的問題,諸如是否真的需要召開這些會議、會議應涵蓋哪些內容,以及應該如何進行會議等等,保證你在讀完整本書後,肯定能夠擁有需要的工具,從今天就開始帶領更棒的會議。這些改善後的會議帶來的好處遠遠不只提高生產力,對團隊文化、溝通和敬業精神也有莫大助益。

過去二十年以來,史蒂文指導和協助無數領導者建立信任

和良好溝通，他的專業知識使這本書極有價值。他針對這個主題進行過廣泛的研究，為這本書提供不可或缺的見解和實證方法。這本書包含許多容易操作的步驟和實例，能幫助讀者成長，並且適用於和不同類型的人進行各式各樣的會面，不僅侷限在主管和團隊成員之間。

現在就開始透過這本書來投資自己的團隊，培養充滿信任感的正向文化吧！

—馬歇爾‧葛史密斯博士（Marshall Goldsmith），Thinkers50第一名高階主管教練，《紐約時報》暢銷作家，著有《放手去活》、《練習改變》和《UP學》等書。

―― 前言 ――

一對一會議的目標、方法和科學原理

「關於一對一會議這個主題,學術界仍有如大峽谷般的空隙需要填補。」

―大衛・羅德里奎(David Rodriguez),
萬豪酒店前董事暨人資長

身為組織心理學家,我對那些還未被深入研究卻普遍存在、成效不彰卻深刻影響個人與團隊的職場現象特別感興趣。這就是我開始研究「一對一會議」(one-on-one meetings)的契機,因為它完全符合上述所有條件。而我的目標是蒐集並統整相關證據,幫助領導者和團隊成員充分發揮一對一會議的驚人潛力。

一對一會議其實極為常見。愛麗絲・凱思(Elise Keith)近期運用過往的資料和縝密的推斷,仔細分析了美國的整體會議活動。她得出的結論是,光在美國,估計每天就有 6200 萬

到 8000 萬場會議。[1]

現在，讓我們把範圍擴大到全世界。美國的人口數僅佔全球人口的 4% 左右。有趣的是，在我唯一找得到的一項跨文化研究中，不同國家的會議活動並無顯著的差異。[2]

因此，我們可以假定，若要估算全球每天的開會數量，只需要將美國的估計數字乘以 25。運用愛麗絲針對美國會議估算出來的最低值 6200 萬，再乘以 25，會得到一天有 15 億 5 千萬場會議這個結果。再保守一點，可以取整數：全球一天有 10 億場會議。天啊，超多會議的。接下來，讓我們專注討論一對一會議這個會議類型。

根據我自己和其他人的研究，一對一會議這個會議類型占所有會議的 20% 到 50%。[3] 也就是說，全世界每天有 2 億到 5 億場一對一會議。讓我們來看看這些會議價值多少錢。

為了計算會議的價值，我使用以下這些參數：最低預估薪資（以英國廣播公司的全球平均薪資分析為準，即每小時 9.37 美元）[4]、一場一對一會議的平均花費時間（根據我的研究得出的保守數字為 20 分鐘）、兩位與會者，以及每天至少 2 億場一對一會議。由以上條件計算，等於全世界每天投資在一對一會議的金額為 12 億 5 千萬美元。我再強調一次，這是一天的數字！

現在，真正令人堪憂的消息是，在我的初步研究發現中，有將近一半的一對一會議都被團隊成員評比為欠佳。將近一

······**但你也需要做到**
- 把焦點放在人
- 保持流程彈性
- 定位在長期
- 支持和建立關係
- 促進成長與發展
- 使一對一會議具一致性

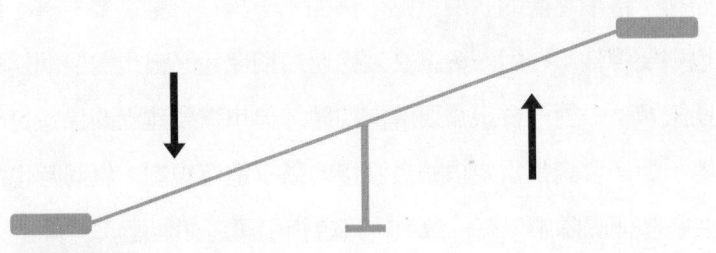

你需要做到······
- 把焦點放在工作
- 擬定流程架構
- 定位在短期
- 驅動成果和當責
- 解決問題
- 量身訂做一對一會議

半！令問題更嚴重的是，領導者評估自己進行一對一會議的技能時似乎有些誇大，顯示領導者的實際表現要比他們自認的還糟。因此，這是個絕佳的機會填補領導技能方面的缺失，並將這關鍵職場活動的投資報酬率拉到最高。

但問題在於，儘管領導者的行事曆上滿滿的都是一對一會議，卻很少有關於教導如何進行一對一會議的相關指南。更糟的是，確實存在的指引又鮮少是以有力的證據和科學為依據。於是，主管階層只得依靠自己感覺對的做法，或者仿效從自己

目前及過去的主管身上所經歷的做法,甚至是自行臆測。而本書的目的就是要彌補這個空缺。

除了以證據為依據進行全面分析,本書還會協助讀者運用科學,努力達到一對一會議需要取得的困難平衡。前頁這張圖描繪了這項平衡的各項重點,例如:一對一會議需要架構,但也需要彈性;一對一會議必須處理短期問題,但也需要闡述長期議題;一對一會議需要解決問題,但也需要建立關係;每一場一對一會議都需要根據最直接的需求進行規劃,但同時也需要在整個團隊中保有一致。本書會指引讀者如何達成平衡。

這麼說會議也有自己的科學?沒錯,的確有一門與了解及改善會議有關的科學。這是我多年來充滿熱忱的領域,為此我在全球各地擁有數十名合作的研究者,還檢視了數量多到我就算投胎一百次也參加不完的會議。

我研究過與會議相關的各種主題,包括會議成功、與會者倦怠、卓越會議領導者的特質、開會遲到現象、如何有效安排會議、設計會議的關鍵方法、激發創意的會議干預手段,還有好多好多。

過去這幾年,我把焦點轉向一對一會議。我調查和訪問了好幾千位團隊成員和主管,想了解他們的一對一會議經歷。

比方說,我曾做過一項歷時很長的研究,要科技業工作者連續25週記錄自己的一對一會議和他們對主管的態度;在另一項研究中,我調查了四個國家超過4000名的知識工作者(如

程式設計師、工程師),探討他們的一對一會議喜好,並要他們提議如何改善一對一會議。

還有一項研究是,我蒐集了相關資料,想要了解主管和組織針對一對一會議有哪些做法,為此我訪問了超過50位來自頂尖組織的高階主管,這些組織包括臉書、富豪汽車、百事可樂、勤業眾信(Deloitte)、華納兄弟、必治妥施貴寶(Bristol Myers Squibb)、波士頓啤酒(Boston Beer,也就是山姆亞當斯啤酒〔Sam Adams〕)、杜克能源(Duke Energy)、萬豪酒店(Marriott)、戴爾、Google和美國銀行。

第四個例子則是我優秀的博士生傑克‧弗林查姆(Jack Flinchum)所寫的畢業論文,檢視了領導者在一對一會議期間做了哪些行為,而這些行為又與直屬部屬的需求滿足及後續的參與度之間有何關聯。

除了針對一對一會議所做的研究,我也融合關於領導、合作、訓練、指導、回饋和溝通等適用於一對一會議的研究。透過上述種種,我希望這本書可以提供最新的研究成果和建議,協助了解並有效進行一對一會議。

本書架構

這本書深入探索一對一會議的內涵、方法和原理,特別著

重在相關的挑戰、痛點、契機，以及可以彈性調整的區塊。為了強調一對一會議的實用步驟，我把每一章的標題寫成一個待回答的問題。接著，章節內容會運用一對一會議的科學研究、真實經驗和最佳實務來回答這個問題，使每個章節內容豐富。最後幾章會談到一些特殊的主題，像是跨級一對一會議（與主管的主管開會），以及會議太多應該如何應付（也就是會議科學研究者所說的「開會量」）。

最後，我在書中各處也提供不少工具，幫助你在一對一會議取得成功，包括議程範本、簡化清單、技能評量，以及針對遠距員工的特殊考量等等。

整本書使用的語氣，是我平常在演講或主持工作坊的口吻，感覺像在跟讀者對話，偶爾有點諷刺和愚蠢，但卻是以科學為基礎。我希望這讀起來像是一場引人入勝的 TED 演說。

此外，除了第 11 章，整本書說話的對象都是各層級的領導者（我將「領導者」和「主管」當成同義詞使用）。因此，當我在書中使用「你」這個字，指的就是舉行、召開和籌備一對一會議的人，通常是領導者，但也不見得總是如此。

另一方面，這本書不只是針對管理員工的人所寫。不是主管的人（我會在書中以「團隊成員」、「直屬部屬」或「部屬」等詞來表示）絕對也能夠獲益良多，因為這可以讓他們從自己參與的一對一會議當中得到更多東西，同時也為將來領導一對一會議做好充分的準備。

儘管我把焦點放在一對一會議當中應該算是最重要的類型，也就是領導者和直屬部屬之間的一對一會議，但是書中談到的內容大都適用於所有類型，包括同事之間或者員工與消費者之間的一對一會議。這些見解甚至可以用來提升親朋好友之間的非正式一對一會議。

在展開後面的旅程之前，我想先概略談談社會和組織科學。研究人類、人類行為、團隊行為，以及兩個人（社會學稱作「二人組」）的互動方式，本來就很複雜。儘管久而久之確實能找得到一些模式、洞察和道理，但這些無法代表絕對的事實。不管研究做得多麼嚴謹，永遠有更多值得探討的新變因可以檢視、新會議環境可以探索，或是不同的族群和文化可以調查等等。

因此，科學帶給我們的是有界限的事實（我們當下認為自己知道的東西），替未來的探索和發現奠定基礎。根據科學行事，通常會為你和部屬帶來最好的結果。

然而，考量到科學不斷演化的本質，如果執行得當，沒有依循科學事實的途徑仍有可能在某些情況下對某些人有效。例如，與每週和隔週召開的一對一會議相比，每月召開一次一對一會議會導致較差的敬業精神。

既然知道這點，我會根據科學建議一個月只召開一次一對一會議嗎？恐怕不會。可是，這個節奏有沒有可能因為團隊規模大小、與領導者之間的關係、在公司的層級，以及共事時間

長短等因素，在特定情況下發揮成效？這是有可能的。

我在整本書中試著強調實證做法，但這並不表示你不能選擇不同的方向，只要有充分的理由即可。換句話說，這本書尊重個人的選擇和調整。但以數據資料為準採取行動還是比較好，這會提高成功的機率，帶來較好的結果。

每一場一對一會議都是一個契機，可以在毫無附加條件的情況下，投資一個人的發展並幫助他。透過一次又一次的對話，這些投資所產生的複利效應可以提高個人的成功，並培養出健康、有生產力且強韌的組織文化。
　　　——創意領導中心（Center for Creative Leadership）執行長

個人與組織要發揮成效，得透過信任感達成；而在進行一對一會議的時候若帶著明確的意圖、專注、關懷和真誠，並願意展現脆弱，這份信任感就會加深。強大真摯的連結，進而確保集體的動力與成功。

　　　　　　　　　　　　　　　　　　　——美國海軍上將

準備篇

在本篇會討論以下幾點：

1. 為什麼要召開一對一會議
2. 說明一對一會議的目的
3. 一對一會議的節奏
4. 召開一對一會議的時間和地點
5. 組成一對一會議內容的問題
6. 一對一會議議程概述

這些主題會幫助你籌劃成功的一對一會議。在你實際進行一對一會議之前，一定要先了解這些重要的根基。

第 1 章

真的有需要嗎？

這個問題的答案當然是肯定的。你能想像有個人寫了一本關於一對一會議的書，然後說答案是否定的嗎？若是如此，那本書的篇幅肯定非常短。我把這個問題修改成下方圖表，讓它變得更細膩、更難以回答一些：

問題	是／否
假如我已定期召開例行性的團隊會議，還需要召開一對一會議嗎？	
假如我與團隊成員有很多社交時間，還需要召開一對一會議嗎？	
假如我辦公室的門從來不關，強調我的開放政策，還需要召開一對一會議嗎？	
假如我電子郵件回得非常快，還需要召開一對一會議嗎？	
假如團隊表現很好，敬業指數很高，還需要召開一對一會議嗎？	
假如我與團隊成員共事很久了，還需要召開一對一會議嗎？	
假如團隊成員沒有要求這些會議，還需要召開一對一會議嗎？	

這些問題的答案仍是：是、對、的確、沒錯、嘿啊、賓果——很多「是」對吧！一對一會議有其獨特之處，並非任何團隊會議、開放政策，或是社交互動可以取代的。這聽起來很誇張，但實則不然。

一對一會議是領導者的核心責任

最優秀的領導者知道，一對一會議並非附加的工作；一對一會議**就是**領導者的本分。領導者一旦完全明白和接受這點，就能開始利用一對一會議轉變他的部屬和團隊。一想到有更多會議要開，你或許已經開始頭痛。我懂，因為我也很討厭執行得很糟糕的會議。但請記住，一對一會議如果執行得好，應該**會節省**時間，原因是它能創造更好的團隊共識和績效更佳的部屬，並讓你的工作日受到更少突發的干擾，因為這些會留給已經排定好的一對一會議。

此外，一對一會議可以提升員工的敬業精神，最終減少離職率。想想看，尋找和培訓新人得花多少時間和資源。有了執行成效卓著的一對一會議，將可以避免很多這類問題。

話雖如此，一對一會議確實會讓你的行事曆上多出更多會議，但這些會議有其必要，長遠來看可以提高效率。

一對一會議是什麼？

用最簡單的方式來說，一對一會議是指主管和部屬之間定期和反覆進行的會面，用來討論各種主題，包括部屬的身心健康、動機、生產力、阻礙、優先順序、對職務和工作內容的了解、與其他工作活動的一致性、目標、與他人或團隊的協調、員工發展和職涯規劃等。這些會議的宗旨是要透過有效、誠實與表達支持的溝通方式，以培養和強化你與部屬的關係。

最終，一對一會議不僅滿足部屬的實務需求，也可以顧及他們的個人需求。[1] 實務需求指的是部屬為了在當下和日後能夠有效完成、優先處理和執行工作，所需要獲得的支持；個人需求指的是部屬希望被善意對待的內在需求，例如感覺受到尊重、信任、支持和重視的需求。

要在一對一會議期間同時滿足個人與實務需求並不容易，你可以參考這一篇最後面的工具，有一份測驗評量整體的一對一會議技巧，可以讓你知道自己的起點在哪裡。

整體而言，儘管是你推動了這整個過程，在行事曆上創造一個時段用來好好與部屬交流，但這大體上是屬於員工的會議。你當然也會左右討論的內容和會議的安排，但這場會議的主要內容應該是要與團隊成員的需求、擔憂和希望有關的話題。這是一對一會議的關鍵——這基本上是團隊成員的會議，由你安排和支持。我常被問到一個關鍵問題，那正式的績效評

估會議算不算是一對一會議?雖然這種會議是以一對一的形式進行,但其實兩者是不同類型的會議。

一對一會議在績效評估中扮演什麼角色?

一對一會議可以提升和補充一個組織的正式績效評估制度。事實上,一對一會議可以替組織發揮正式績效評估制度全部的潛力。要更清楚明白這個概念,我們可以先退一步想想組織為何需要正式的績效評估。

正式績效評估制度如果做得很有成效,可以準確記錄員工的工作表現。這不僅能改善績效,也能藉由點出優異表現來強化期望的行為。除此之外,正式考核也可以在決定員工的薪酬和升遷,或者是否解雇績效不佳者(有正當原因的話)的時候,協助做出更好、更有依據的決策。

總而言之,正式績效評估會讓你大概掌握整體人才庫,知道強項在哪裡、誰具有很大的潛力、預備人才的不足之處,以及你目前有沒有接班規劃的人選。這些評估也能幫助你判定組織的培訓需求(可以瞄準常見的不足之處),並用來評估組織的做法,如引入新的遴選或培訓制度(例如引進某制度是否提高了部屬的整體績效)。

儘管正式績效評估有這些益處,相當值得召開,但是許多

員工都對這種會議有所怨言，無論是主管或部屬。部屬往往覺得正式考核有失公允、不平衡，且著重在較近期、而非長期累積的行為；部屬往往覺得正式考核不夠及時，例如考核評估的內容可能發生在六個月以前；部屬往往感覺焦慮、充滿壓力，因為不知道在正式考核期間會發生什麼事、得知什麼消息。

主管階級也很怕開這種會，擔心部屬對自己的回饋不知會做何反應，或者花費心力開會是否有其價值。最重要的是，對主管而言，要整理一份周詳的評估，並完成所需的檔案文件，會耗費很多時間，尤其是主管可能根本想不起來評估期間不同部屬發生過的所有狀況。

一對一會議可以解決這些困境。一對一會議可消除正式評估流程帶來的焦慮，因為績效方面存在的問題和強項早已透過這些會議事先點出來。不僅如此，在製作正式評估的文件時，一對一會議的筆記可作為非常有幫助的歷史資料。這不僅使評估變得容易準備，還能夠提升評估的準確度，讓部屬感覺評估是公允的，因為留下這些會議筆記可以減少評估以最近發生的事情為主要依據的情況。

除此之外，若能定期召開一對一會議，部屬也更有可能逐漸進步，同時獲得所需的指導，進而在兩次正式評估之間提高績效。因此，若以這種方式善用一對一會議，正式評估對雙方來說應該就不會充滿壓力，反而感覺更珍貴，甚至更享受。

從這些例子可以看出，一對一會議補充了正式績效評估的

流程,是即時提供改變、記錄和支持的機制。此外,由於一對一會議能建立主管和部屬之間的信任感、強化彼此關係,雙方也更有可能因此敞開心胸迎接正式評估,更加體會其價值。

一對一會議為何如此重要?

我要再三強調,儘管成功且定期的一對一會議可以在短期內推展工作進度,但這些會議也能夠帶來許多日常工作以外的關鍵成效。例如,一對一會議能夠協助員工成長發展、培養信任、建立工作關係的根基,甚至還會影響團隊成員對你這個人、他的工作,以及整個組織的感受。我可以毫不誇張地說(好吧,也許是有點誇飾),一對一會議若執行得好,確實有可能大幅改變直屬部屬的工作生活和職涯發展。

雖然肯定有人不這麼想,但我敢說他們是因為有不好的一對一會議經驗才產生這種看法。研究清楚顯示,一對一會議可說是身為領導者最重要的活動之一。更確切地說,定期召開且執行成功的一對一會議,對下列這七個互有關聯的重要成效是不可或缺的。

員工敬業度

不少文章和研究都證實,一對一會議和員工敬業程度之間

> 不同的主管對一對一會議的定義不盡相同。例如，有一位主管告訴我，一對一會議完全是部屬的會議，他的部屬會準備自己想要討論的任何主題，然後他們會一起討論這些話題；還有一位主管告訴我，她利用一對一會議的時間進行決策，她會要求部屬每次開會時都準備一份決策清單，然後兩人共同決定；有一位主管把一對一會議的時間用來指導部屬；另一位主管說，她在一對一會議期間不會進行太多指導，而是專注在更多策略性的問題上。這些都是可行的一對一會議做法。
>
> 雖然我推崇面面俱到的一對一會議，把上述所有的觀點結合起來（不需在一次會議上全部完成），但是一對一會議並沒有一個通用的做法。一對一會議要進行得成功並增添實質的價值，可以透過很多不同的方式達成，只要有效率地執行、符合會議科學即可。

有關聯。例如，民調公司蓋洛普（Gallup）曾研究全世界250萬個由主管領導的團隊所具備的敬業程度。[2] 他們發現：「平均而言，上頭有主管、但主管沒有定期與他們會面的員工，只有15%具有敬業精神；定期與員工會面的主管，則會使員工的敬業程度提高將近三倍。」

另一個發表在《哈佛商業評論》的相關研究則顯示：「很

少或幾乎沒有與主管召開一對一會議的員工，比較有可能不敬業。至於和主管一對一會面的次數比同事多兩倍的人，不敬業的可能性則少了 67%。」[3] 有趣的是，尚未有研究證實一對一會議具有高原效應（plateau effect），也就是開太多一對一會議會導致員工的敬業程度趨緩或下降。事實上，情況正好相反。我的研究大致顯示，整體而言這兩者之間呈現正線性相關，也就是一對一會議的次數如果增加，員工的敬業程度和部屬對主管的正面看法也會隨之增加。

團隊成員成功

一對一會議對團隊成員的生產力和成功相當重要。首先，一對一會議確定了定期的溝通節奏，可以用來關心進度、創造一致性，並確保團隊成員在從事最關鍵的專案。這些會議允許主管和團隊成員一起討論執行專案所遇到的阻礙和難關，可當下做出決策、加強協調，並在需要時提供協助和資源。持續的回饋、當責、支持與指導，也能促進成功。上述的一切都可以為團隊成員帶來成功。事實上，研究發現，主管的指導技巧與部屬達成年度銷售目標呈正相關。[4]

主管成功

一對一會議可透過三個方式提升你自己的成功。首先，投資時間和心力在定期的一對一會議，便能減少部屬隨時有問題

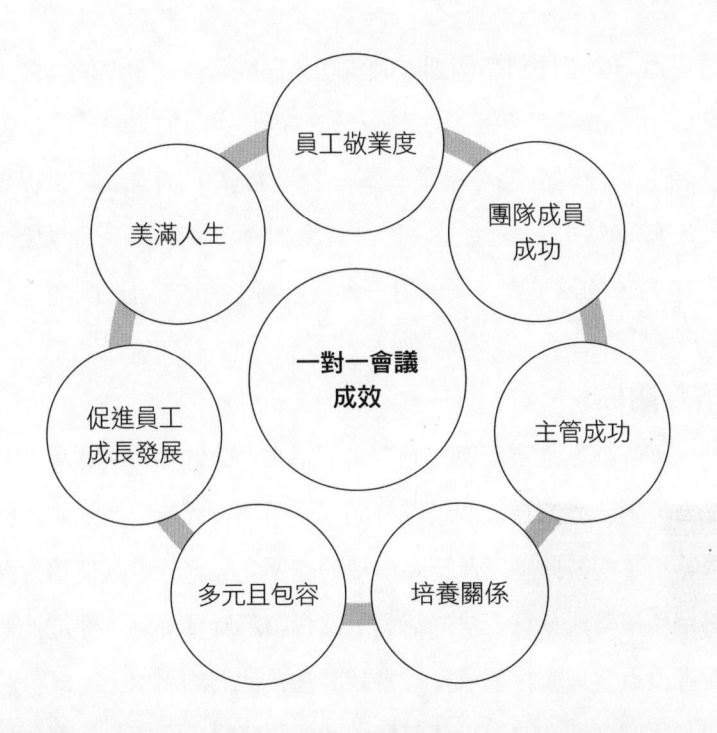

```
        員工敬業度
   美滿人生        團隊成員
                  成功
            一對一會議
              成效
   促進員工              主管成功
   成長發展
         多元且包容  培養關係
```

要問你的情況,因為他們可以把問題留到一對一會議提出。這會減少你受到的干擾,使你有更長的時間區塊專注在自己的工作。第二,一對一會議是個非常重要的機制,可以讓你獲得需要的資訊、蒐集回饋、與團隊成員溝通,進而使你更加發光發熱,且更能激勵團隊。

亞當‧格蘭特(Adam Grant)總結了一對一會議提升主管成功的最後一種方式:「你爬得愈高,你的成功就愈與你能否幫助別人成功有關。一個人是不是好的領導者,要看他的追隨者有何成就。」[5] 召開一對一會議顯然就是要幫助別人更成功,

這可進一步延伸到整個團隊的成功，而團隊成功會反映你是不是成功的領導者。例如，有一份研究針對 1,183 位主管和 838 位非主管級的員工進行了有關一對一會議的調查。結果很驚人，有 89% 的主管說，一對一會議對團隊績效有正面影響；也有 73% 的員工表示，一對一會議對團隊績效有正面影響。[6]

培養關係

了解部屬且定期與他們互動，是和你的團隊培養關係的基礎。一對一會議為這個基礎打開了一扇門，因為它能提供加強連結、了解彼此，以及提高信任的空間。一對一會議把培養關係這件事變成刻意安排的活動，這會讓部屬感受到，你把他們看得很重要，才會願意安排會議專注在他們的需求上。同一時間，假如你們之間出現任何問題或緊張關係，定期的一對一會議也有助於你和部屬解開誤會，讓彼此的關係不受影響。

多元且包容

每一場一對一會議都是讓你放大並真正聽見團隊成員心聲的好機會。成功的一對一會議讓你有機會看見和支持部屬，並與他們交流。一對一會議確保所有的團隊成員不只在主管的腦海裡或基於他們的行動而湊成一個團體，而是能讓他們獨特的生活經驗在職場上獲得理解，且在需要決策或解決問題時能被納入考量。

如果用真誠合作的態度處理每個團隊成員的困難或問題，部屬就更能發光發熱和成功；部屬如果獲得成功，你也就更能成功實現多元與包容。基於上述內容，一對一會議對你來說是個很棒的機會，可以領先創造包容性組織。

促進員工成長發展

透過真誠且容易操作的回饋、訓練、指導和職涯對話，每一場一對一會議都有機會幫助團隊成員成長和發展。一個高成效領導者的核心能力，就是提拔替你工作的人。

傑克‧威爾許（Jack Welch）說過一句話，充分總結了這個概念：「成為主管前，成功來自自我成長；成為主管後，成功來自幫助他人成長。」每一場一對一會議都是在投資團隊成員的現在與未來。與此同時，所有主管的集體投資可提升整個人才庫，為組織提供更強大的預備人才及從內部晉升的能力。

美滿人生

與人生滿意度有關的研究一致證實，幫助他人很重要。[7] 幫助他人對整體幸福感和自我概念有益，甚至會讓身體更健康。[8] 有句諺語充分體現了這一點：「想快樂一小時，就去午睡；想快樂一整天，就去釣魚；想快樂一整年，就去繼承遺產；想快樂一輩子，就去助人。」亞當‧格蘭特的研究也清楚表明，最有成效的領導者懂得給予、而非索取。

一對一會議便是幫助他人、給予他人的完美契機，透過這兩點，你可以體驗到改變他人生活所帶來的巨大獎勵。召開有成效的一對一會議，每個人的人生都會獲得提升，包括你的。

　　在這一章的最後，讓我把一切顛倒過來設想，想想看不召開一對一會議會對你的部屬傳達什麼樣的訊息。身為人類，我們會觀察別人做了或沒做什麼行為，進而為其賦予意義。但是研究證實，我們在試圖理解自己看見或沒看見的事物時，會受到一種扭曲偏誤所影響，稱作基本歸因謬誤。

　　以下舉一個關於這個偏誤的例子：你在走廊上碰到一個同事，但對方沒看你或打招呼。研究顯示，大多數時候，人們會用性格來解釋這種行為，並認為這位同事很無禮、自我中心或純粹冷漠。這類性格歸因通常會勝過更細微的情境解釋，例如假定同事被意料之外的截止日或壞消息所分心。

　　現在把這放在一對一會議的脈絡下，假如你沒有舉行一對一會議，其他主管卻有，你的部屬會怎麼想？或者，假如你只有跟特定幾個部屬召開一對一會議，因為他們的工作不同，所以你覺得他們比其他員工更需要一對一會議呢？儘管你做這些決定的意圖是好的，但是卻極有可能在無意間讓部屬覺得，你並不在乎他們的成功，因為他們不值得你投入時間。

人們普遍都會預設，一對一會議不適合那些靠雙手或勞力完成工作的人，也就是藍領、粉領和工人階級類型的工作，諸如建築工人、技師、清潔維修人員、卡車司機、護理師和機械操作員。我不太明白為什麼有人會這麼認為。想發光發熱、克服阻礙、發展有意義的人際關係，以及被人看見／聽見的那種渴望，並不侷限於特定的工作類型或職業。這是人的條件（human condition，編按：源自漢娜・鄂蘭〔Hannah Arendt〕所著《人的條件》）的一部分。因此，我建議無論什麼工作類型，都可以嘗試一對一會議，並評估會議的短期和長期價值。一對一會議很可能對所有人都好，只是會議的節奏和內容要視工作類型和職務的屬性而定。

> 本章重點筆記

- 是的，你需要跟部屬召開一對一會議：

  一對一會議是身為主管的你與部屬定期召開的會議，用來討論各種主題。一對一會議與例行性團隊會議、開放政策或非正式的互動有所不同，是特意挪出來支持部屬的專屬時間。

- 一對一會議是領導力的實際行動：

  一對一會議不是主管的附加工作；一對一會議**就是**主管的本份。這些會議可確保部屬處在獲得成功的最有利狀態，讓你與團隊的每一個成員建立健康的工作關係。

- 一對一會議不是績效評估：

  績效評估很重要，但卻不能跟一對一會議劃上等號。不過，一對一會議可以提供績效評估流程有用的資訊。持續進行對話、記錄會議筆記，可以讓你跟部屬有共識。如此一來，一對一會議有助於讓績效評估變得更加公允、壓力沒那麼大、更有成效，甚至令人愉快。

- 一對一會議可帶來各種正面成效：

  一對一會議可以為部屬、身為主管的你、團隊和組織帶來各種正面的成效，包括更高的敬業度、團隊成員和主管成功、多元與包容、關係培養、直屬部屬的成長和發展，以及美滿人生。

第 2 章

大家為什麼焦慮？

恐懼是人類最古老強烈的情緒，而對未知的恐懼則是最古老強烈的恐懼類型。

——H・P・洛夫克拉夫特（H. P. Lovecraft）

人們相處不好，是因為他們害怕彼此；
人們害怕彼此，是因為他們不識彼此；
人們不識彼此，是因為他們沒有彼此溝通。

——馬丁・路德・金恩（Martin Luther King Jr.）

要推行全新的一對一會議計畫或重啟目前的做法，良好的溝通和框架（framing）很重要。沒有充分的溝通，團隊成員可能會預設立場，結果導致錯誤的消息及沒來由的焦慮和擔憂。換句話說，當資訊不夠透明，我們會自行搜集線索來拼湊現實的樣貌。尤其是，我們會從他人那裡尋求資訊，以減少模糊不

清的地方而正是如此，才會使謠言誕生並開始散播。有趣的是，據估計，組織內部的溝通有 70% 都源自小道消息。[1] 小道消息通常帶有部分事實，卻容易省略整個真相。

小道消息可能會隨著每一次的重述而變得扭曲，因為關鍵細節往往會被遺漏或改變太多，導致我們最後聽到的資訊已不再接近事實。這個現象已經過所謂的「傳播鏈實驗」實證研究，這種實驗說穿了就是小孩子會玩的「傳話遊戲」。

在這個遊戲中，所有人圍坐成一圈，一個人接著一個人，把聽到的訊息小聲傳給隔壁的人聽，最後訊息會傳回原本那個人，結果發現內容已完全遭到扭曲。由於這個概念很普遍，所以這個兒時遊戲世界各地都有人玩，只是名稱略有不同（請見下表）。[2]

國家	名稱	直譯
土耳其	kulaktan kula a	從（一隻）耳朵到（另一隻）
法國	téléphone sans fil	無線電話
德國	Stille Post	無聲郵件
馬來西亞	as telefon rosak	壞掉的電話
以色列	telefon shavur（רובש ןופלט）	壞掉的電話
芬蘭	in rikkinäinen puhelin	壞掉的電話
希臘	halasmeno tilefono（χαλασμένο τηλέφωνο）	壞掉的電話
波蘭	g uchy telefon	耳聾的電話

由於訊息透過非正式的管道從一個人傳給另一個人時，有可能會產生扭曲，因此在安排一對一會議之前，直接與團隊成員進行溝通很重要，這麼做可以清楚傳達召開這些會議的原因和方式，並消除成員潛在的恐懼。在溝通時，你應該態度堅定且有原則。

首先，在團隊會議上，向你的團隊宣布推行（或重啟）一對一會議的消息，以便所有的部屬都會同時聽見相同的訊息。如此一來，非但不會有人覺得自己被針對，也能確保整個團隊接收到的訊息是一致的。

第二，把一對一會議與更廣泛的組織價值觀（如重視員工心聲）和你個人的價值觀（例如，當一個願意給予支持的領導者）連結在一起，為這件事創造脈絡，同時表明這會是一個持之以恆的長期實踐。

第三，要強調召開一對一會議並非為了微觀管理或控制部屬。你要清楚表達，一對一會議是寶貴的機會，可以讓你們更加認識彼此、了解遇到的困難、討論職涯發展、提供所需幫助、提供雙向溝通與交流的安全空間，以及解決部屬的疑慮和問題等等。在溝通的過程中，也要說明一對一會議的相關籌備事宜，包括開會頻率、時間長度、議程擬定方式和開會地點。

最後，強調部屬也可以逐漸參與籌備，你會尋求他們的回饋，務使一對一會議愈來愈好。

團隊成員常有的問題與回答方式

為了協助推動一對一會議或重啟溝通,以下列出部屬常見的問題,以及可以給予他們所需資訊和消除焦慮的可能回答。

部屬:我們會談些什麼?
主管:議程將由你決定,這樣的會議對你來說才會最有價值。常見的討論主題包括遭遇的阻礙、優先順序、對事物清楚明白與否、配適、目標、協調、你的成長與發展,以及職涯規劃。同時,這些會議也是為了培養我們的關係而存在。

部屬:為什麼不能透過非正式的溝通做到這些?
主管:因為我們可能會因此錯過一些事情。此外,非正式溝通往往把焦點放在較短期的事物,因為我們傾向於優先處理需要趕緊解決的危機,而非長期議題,例如職涯成長和未來規劃。

部屬:我們不會在非正式的場合交流了嗎?
主管:一對一會議並不會取代非正式的對話,但是「臨時起意」的會面的確有可能減少,因為我們可以把某些對話留到下一次的一對一會議。而我也會持續讓你隨時都能找得到我。

部屬:為什麼我們不在團隊會議上討論就好了?

主管：我想提供專屬的時間，確保你的需求都獲得滿足。如果只有你我二人，像是個人職涯發展、擔憂這類主題會比較好討論。假如有任何與團隊相關的事，我也一定會讓他們知道。

部屬：這是績效評估會議嗎？

主管：絕對不是。一對一會議當然是提出回饋、進行指導、討論成長和發展的絕佳場合，但卻不會只專注在績效。另一個額外的好處是，若能時常召開一對一會議，實際的正式績效評估會議才不會出現太多意料之外的事情。

部屬：如果有需要，我可以取消一對一會議嗎？

主管：假如有必要，可以。但我們最好養成習慣，不要輕易更動。漸漸地，我們可以重新評估並決定最適合的開會節奏。

部屬：每個人都會有同一類型的一對一會議嗎？

主管：是的，差不多一樣。但是，由於每位成員都能針對議程和程序提出意見，你的體驗可能因此與別人不同。然而，一對一會議的核心定義及我採取的開會方式絕對相去不遠。

部屬：我們要召開這種會議多久？

主管：這是常態性會議。一對一會議是我領導理念的根本，也是我建立優秀團隊的方式之一。不過，我們的一對一會議當然

可能隨著時間演變，方能好好滿足你的需求。因此，我們會時時評估一對一會議的成效，以便進行微調並持續增添價值。

部屬：召開一對一會議之前，你對我有什麼期待？
主管：請敞開心胸、做好準備前來。直率說出你的任何擔憂，如此我們才能嘗試解決。議程要以重要的優先事物為主。請展現出好奇心、積極互動、坦率溝通、深思問題和解決方式、願意尋求幫助和回饋，並努力實踐獲得的指導和洞見。我也會付出同樣的努力。

部屬：為什麼選擇現在召開一對一會議？
主管：為什麼要等以後？我想要盡我所能成為你最好的領導者，幫助你發揮最大的潛力並提升我們的團隊。

部屬：我們討論的內容會保密嗎？
主管：我會將我們的對話保密，除非你覺得不需要。你可以自行決定要與他人分享或不分享什麼，但是沒錯，這些會議基本上是會保密的。

部屬：我們已經共事十年了，還有必要開這些會嗎？
主管：你說的或許沒錯，但是我們不能把我們的關係視為理所當然。良好的關係需要不斷灌溉。再者，當緊急議題或問題出

> 召開一對一會議會不會讓部屬感覺被微觀管理?當然有可能,但這與你執行一對一會議的方式有關。假如你確實是在微觀管理團隊成員,他們就會感覺被微觀管理,可是這不該是一對一會議的進行方式。

現時,一對一會議可以讓我們非常有成效地解決。先讓我們好好試一試,之後再評估成效好與不好的地方,以確保一對一會議對你來說是一個很好的時間利用。

> **本章重點筆記**

- **與團隊召開一對一會議之前,溝通是關鍵:**

  當你要與團隊推行(或重啟)一對一會議計畫時,必須進行良好的溝通。要做到這點,可與整個團隊開一場會,向他們概述一對一會議是什麼以及你想舉行這些會議的理由。清楚說明所有部屬都會跟你召開一對一會議,將會議與整個組織和你個人的價值觀連結在一起,並強調這些會議並非微觀管理或控制部屬之舉。強調你希望定期給予部屬面對面的時間,討論他們的想法。

- **鼓勵部屬提問:**

  介紹一對一會議給團隊之後,部屬難免會有疑問。理想的狀況是,在團隊會議上回答這些問題,好讓每個人都得到同樣的答案,減少重複回答相同問題的必要。常見的問題包括會議的內容、會議是否可有可無,以及對會議的期望。

第 3 章

固定會議頻率

　　在分享與一對一會議召開頻率有關的科學文獻之前,先來測試一下你對幾個以下是非題的認知。

敘述:	對或錯
一對一會議不應該每週召開,否則團隊成員會覺得被微觀管理或過度控制。	
與英國、德國和法國相比,缺乏回饋的美國員工渴望與主管開更多一對一會議。	
由於和上司會面很重要,管理層級較低的人最希望召開一對一會議。	
若沒有明確的一對一會議節奏計畫,我們比較常會面的對象,往往會是我們認為跟自己差異最大的團隊成員,因為我們很容易不由自主產生偏誤,認為跟我們不一樣的人最需要幫助。	
部屬希望少開一點會議的首選理由是會議倦怠。	

　　研究怎麼說?你會在這一章了解到,上述每一個問題的答案都是「**錯**」。你答題答得如何?是不是對答案感到驚訝?所以,科學文獻針對一對一會議的頻率究竟說了什麼?

制定計畫

　　一切都始於規劃。你應該擬定策略,設想要與團隊成員多久開一次一對一會議,不管是一週一次、兩週一次或其他節奏都行。當然,你的計畫可能會因為意料之外的事而被打亂,但是為團隊擬定一對一會議計畫仍有其必要,原因有二。

　　首先,這會增加行為養成、最終變成標準例行程序的機率,使一對一會議變得跟刷牙一樣,是一件我們不會多想或煩惱的事情——做就對了。

　　第二個原因則與偏誤有關,也就是擬定一個適用於所有團隊成員的計畫,可防止下方兩種偏誤發生。

　　第一種偏誤:我們往往較常與自己相近的人會面,這稱作「相似吸引偏誤」(similarity-attraction bias)。研究證實,相較於和我們特質不同的人,我們往往比較喜歡且信任我們認為與自己較為相近的人,像是觀念、生理特徵和性格特質跟我們類似的人。「物以類聚」這句成語便總結了這個偏誤。

　　例如,研究發現,身材較矮小的人通常會跟身材相近的人結婚;外表長得好看的人較有可能與外表相似的人結婚,以此類推。如果我們沒有明確的一對一會議計畫,而是依賴隨興自然的選擇方式,則這個無心的偏誤便很可能影響我們與團隊成員的一對一會議節奏。

　　這可能導致特定性別、種族和性格類型(以及其他方面差

異）的部屬沒有從你這位主管身上得到同等的機會和待遇，即使你無意這麼做，仍可能造成歧視。一對一會議計畫可以確保你相對平等地與所有團隊成員會面，無論他們與你是否相似。

第二種偏誤：常看到或常與某個人互動，通常會使我們更喜歡這個人，進而更常與之交流互動，這稱作接近性效應（propinquity effect）或單純曝光效應（mere exposure effect）。若沒有一對一會議計畫，我們可能會對比較常看到的人偏心。

例如，遠距工作的員工在一對一會議時可能無法獲得同等的機會和待遇，類似於「眼不見，心不念」的概念，則明確的一對一會議計畫可以防止這類特定的偏誤發生。

話雖如此，你還是可以保有彈性。也就是說，你可以為不同的人設定不同的節奏，只是你要確保平均來說（大致上），你的部屬每個月與你會面的時間長度是一樣的。

比方說，有些團隊成員的一對一會議節奏可能是每週一次、每次 30 分鐘；有些團隊成員的一對一會議節奏則是兩週一次、每次 60 分鐘。這兩者投入的時間是一樣的。接著，讓我們來看看研究發現對於不同類型的計畫有什麼結論。

一對一會議選擇方案

在我訪問了 50 位主管之後，以下三種一對一會議方案最

受到推薦：

- **每週方案**：每位團隊成員一週開一次一對一會議，每次 30 分鐘左右。
- **雙週方案**：每位團隊成員隔週開一次一對一會議，每次 45 到 60 分鐘左右。
- **每月方案**：每三或四週開一次一對一會議，每次 60 到 90 分鐘左右。

至於什麼才是常態，確實也有相關文獻談到。例如，有一間公司「肥皂箱」（Soapbox）做過一項會議研究，訪談對象是橫跨許多產業的 200 名主管。[1]

這份報告在其中一段關鍵內容檢視了主管和部屬之間召開一對一會議的頻率，結果很有趣，且不受到組織規模或領導者控制幅度所影響：

節奏	回報這個節奏的員工百分比
每週	49%
雙週	22%
每月	15%
每季	2%

我自己也進行了一項跨文化的研究，訪問近四千名員工**期望**的一對一會議節奏。我詢問每一個人：「你希望平常一個月與主管開幾次一對一會議？」儘管從下表可看出一些耐人尋味的文化傾向，但整體的答案是一個月四次，也就是每週一次。詳細結果如下：

國家	每月想與主管開會的次數
法國	4.5
德國	4.6
英國	3.3
美國	3.4
整體	4.0

　　同一份文獻資料也顯示，受訪者在組織裡的層級愈高，他們每月希望與主管召開的一對一會議次數就愈多。

部屬的職等	每月想與主管開會的次數
入門員工	3.1
一線主管	3.7
中階主管	4.1
資深主管	4.5

　　請注意，每一組受訪者之間也略有差異，有些人希望每個月少開一點一對一會議；有些人則想要多開一點。然而，整體

來說，傳達出的訊息很清楚：**無論職等或國家為何，員工大體上最偏好每週一次的一對一會議節奏。**

為了協助判斷哪一種方案最適合你這個人、你的團隊和你的狀況，以下提供各種決策樹清單。不過，我想先在一開始表明：文獻顯示，在**可能做到**和**合理**的情形下，第一種方案（每週一次）與其他節奏相較之下效果最好。

例如，在我們對科技業進行的為期 25 週的研究中顯示，與兩週參加一次一對一會議的員工相比，每週參加一次一對一會議的員工給主管的評價一致偏高，平均分數高了將近 10%。

除此之外，將客觀的行事曆資料與敬業精神的調查結合起來，可以發現每週一次一對一會議的節奏會帶來最高的敬業程度，其次是雙週一次的節奏，再來是頻率更低的節奏。

然而，雖然這些數據資料令我較偏好每週一次的一對一會議，但是我也強調上述提及的「可能做到」和「合理」這兩點。因此，問題現在變成：在什麼情況下每週召開一次一對一會議是不可能做到或不合理的？這促使我列出各種考量因素，供你在為團隊打造個人的一對一會議計畫時得以審慎評估。

以下這份清單將幫助你決定適合你的開會節奏。此外，我也建議你參考準備篇工具箱中的「開會節奏評估測驗」。

- **遠距 vs. 實體**：如果你的團隊是遠距工作，我會推薦每週一次的節奏，因為這可以彌補完全實體的團隊才會出

> 有些領導者每週會與部屬進行一次以上的一對一會議。這個方式令人堪憂的地方是，主管有可能在不經意間過於專注細節，對部屬進行微觀管理，即使你並非刻意如此。況且，這真的讓會議變得很多。從我的訪談中可以看出，假如確實需要更頻繁地關心工作進度，可以多利用非同步的溝通方式（如簡訊、Slack 私訊、電話和電子郵件），通常會更有效率。

現的隨機互動。然而，假如直屬部屬有全部或部分的時間在公司，便可採取沒那麼頻繁的模式，因為在面對面的環境中比較容易出現非正式的互動。

- **團隊成員喜好**：我喜歡讓部屬表達自己偏好哪種一對一會議節奏。你當然可以鼓勵每週召開一次會議，但是如果部屬非常喜歡隔週這個選項，我建議予以尊重。
- **團隊成員的經驗或任期**：假如部屬資歷較淺或缺乏經驗，每週一次一對一會議最為理想。較頻繁的一對一會議可以讓你提供指導或其他支持部屬成長與發展的行為。然而，對於經驗豐富的部屬而言，較不頻繁的節奏可能更為合適。

另一方面，假如團隊成員剛加入團隊（儘管他在其他地方可能很有經驗），則每週與他一對一會面很重要。至

第 3 章 固定會議頻率　49

少,剛開始的時候應該這麼做,因為如此能讓你與他建立信任,也能協助他入職。你是新進員工的浮木,尤其是在遠距的環境。

- **主管任期**:假如身為主管的你剛加入這個團隊,每週一次一對一會議可以培養關係和配適工作。如果你與團隊相處夠久,則可考慮雙週或每月一次的節奏。

- **團隊規模**:假如你的團隊規模頗大(成員當中有十個以上是你的直屬部屬),那麼雙週或每月召開一次一對一會議或許是合理的,這可讓你有餘裕錯開每一場一對一會議。此外,你可能也得減少分配給每一場會議的時間,才能控制自己的工作量。例如與每個團隊成員隔週會面一次,每次 30 到 40 分鐘,而非 60 分鐘。

  如果你的控制幅度較大,可能也需要考慮改變團隊結構,以確保部屬得到所需的支持,例如採取同儕指導或到部門之外尋找教練,無論是公司內部的教練或花錢聘請外部的教練。

- **善用科技**:假如身為主管的你使用非同步科技與部屬保持聯繫,那麼較不頻繁的節奏可能是合適的。比方說,一位 Google 主管便會提供共享文件給部屬,非常頻繁地更新進度和發表評語。這種非同步溝通會降低每週召開一次一對一會議的需求。

- **每週員工會議**:假如你與小巧緊密的團隊(只有三到四

> 我還想提及另一個與一對一會議頻率有關的因素：信任。信任並不像決策樹中其他因素那樣具體，但仍至關重要。若有了部屬的信任，節奏可能不需要如此頻繁，只要主管有其他溝通管道能讓部屬聯繫得到即可。然而，我沒有把這點放進決策樹中，因為研究顯示，我們在評估他人對我們的信任時，可能無法完全符合實情。換句話說，我們不見得能正確判斷他人是否信任自己。此外，信任感並非永遠不變。你可能獲得他人的信任，也可能輕易喪失這份信任。信任感必須持續維護，不能視為理所當然。

名部屬）會定期召開執行良好的員工會議，則一對一會議的頻率或許可以降低。

我想回頭談談每月例會的模式。我訪談過眾多資深主管，發現有很多人都比較傾向於選擇每月一次一對一會議的方案。他們給的理由不外乎：一、控制幅度大，擁有太多部屬，無法頻繁召開一對一會議；二、部屬經驗都很豐富，不需要過多指導和規劃；三、一般來說，部屬已經為他們工作很久了。

雖然資料顯示，與其他節奏相較，每月一次的開會節奏並非最理想，但與完全沒有舉行一對一會議相比，仍能對部屬提

供指導,也確實能提高員工的敬業精神。

姑且不管這個節奏與前面提及的喜好數據其實並不相符(也就是員工即使很資深,仍希望更頻繁地召開一對一會議),每月開會一次的模式通常不甚理想,還有三個主因。

第一,時間的延遲常會導致回饋和對話不夠及時(例如,值得討論的事物可能是在一對一會議召開前三週發生的)。

第二,每月一次的節奏會產生很大的近因偏誤(recency bias),導致雙方只會討論近期發生的事,而非這個月較早發生的事,因為近期事件較容易回想。

最後,一對一會議要能發揮最大的成效,就得順暢地一場接過一場,如此才能為需要培養的層面或行動帶來動能和配適。相反地,兩次一對一會議之間倘若間隔太久,就會影響到延續的動能。

話雖如此,假如主管們有本段開頭提到的正當理由,這種每月一次的節奏是否仍能行得通?是有可能的,只是這個節奏仍然不盡理想。有些人可能會問,一季一次的一對一會議會議節奏恰當嗎?從數據資料來看,答案都是否定的。你甚至可以說,一季一次的一對一會議開會節奏根本不算一種節奏,而是一種「不開會」方案。

到頭來,一對一會議並沒有一個通用的做法。你可以運用前面列出的經驗法則,來擬定一個適合你自己、直屬部屬,以及你獨特狀況的方案。

> 你與部屬召開一對一會議的頻率愈高,開會時間就可以愈短。因此,針對每週一次的節奏,20 到 30 分鐘就夠了。反之,你們愈不常開會,每次開會就需要愈長的時間(45 到 90 分鐘)才能討論完所有事情。

實際執行某個節奏後,未來當然可以重新評估和調整。不過,請盡量堅持一個方案至少幾個月,好好地感受一下。之後,你才會更確定你們開會的頻率是否太高、不夠或剛好。

> **本章重點筆記**

- **為團隊擬定一對一會議計畫：**
  這可以確保你真的會與所有團隊成員一對一會面，並降低可能使你不經意偏重某些部屬的偏誤。

- **找到適合的節奏：**
  最常見的一對一會議節奏有每週、雙週和每月一次。針對一對一會議的節奏，不可採取臨時起意的做法。研究顯示，每週一次一對一會議通常是最好的選擇。

- **評估合理的做法：**
  想要確立哪一種方案最適合你和你的團隊，可以考量哪些是可能做到且合理的。包括：有無遠距的團隊成員；部屬的偏好、資歷和任期；你在團隊中的任期，以及團隊的規模。這個問題沒有通用的解答，應該選擇一個最符合你需求和情況的方案，之後再視需要調整。

- **尋求回饋、調整適應：**
  要知道，當部屬對一對一會議興趣缺缺或似乎想要減少一對一會議的次數，這可能表示一對一會議的執行成效不夠。你應該不斷尋求一對一會議的回饋，並考慮採取一些提高成效的策略。

第 4 章

如何安排時間？

在回答這個問題之前，我想先介紹心流（flow）的概念。這是指完全沉浸在一項任務、全神貫注在一件事情上，專注力因此高到不可思議的一種心理狀態。在體育界，這通常被稱為處於得心應手的狀態。

「心流」一詞是心理學家米哈里・契克森米哈伊（Mihaly Csikszentmihalyi）近五十年前發明的，他把這個概念描述成一種特殊經驗，「出現這個經驗的人們非常投入一項活動中，其他事物在當下似乎都不重要；這樣的經驗非常令人享受，以至於人們為了做這件事，就算可能付出巨大的代價也在所不惜。」[1] 最初的研究把焦點放在創意類職業，發現心流狀態與高品質的工作成果有關。[2]

近年來，從管理人員到知識型工作者，對心流狀態的研究已在無數行業中得到檢驗。無論從事何種行業，結果都相同：心流狀態與工作中的生產力、滿足和幸福感有關。[3] 反之，缺乏心流狀態的經驗則與負面結果有關。[4]

例如，一項研究發現，無法達到心流狀態的人會有一種混

亂感、對工作環境掌控較少,以及整體無助的感覺。另一方面,研究證實,打斷一個人的心流狀態會造成壓力、影響工作效率,以及導致更多挫敗感。[5] 顯然,心流是工作的時候應該力圖達成的狀態。

取消一對一會議

但我們為什麼要談論心流呢?因為特定的會議安排方式可以提高實現心流(及減少干擾)的機率。假如把會議集中在同一個時段,像是全部安排在早上,便能在下午增加實現心流的機率。這是因為,此舉減少因會議分散在一整天所造成的干擾和任務轉換。倘若會議分得很散,會議之間就很可能沒有足夠的時間讓你完成重要工作、進入心流,或提高生產力。

我和我優秀的博士生莉亞納‧克里莫(Liana Kreamer)曾進行一項研究,便支持了這個觀點。研究發現,當會議集中在一起、而不是分散在整個工作日時,受試者回報的預期生產力、成就感和正面感受都比較高。

此外,一項針對軟體工程師所進行的研究發現,大多數受訪者都認為,在開始任何工作相關的任務之前,先完成所有的每日會議會比較理想。如此一來,下午時段就變成實現心流的好機會。第二理想的選擇是,把會議集中在下午時段的前半

部,因為午餐時間是工作日的自然間斷時間。這樣一來,實現心流的好機會便是上午時段。

採取集中會議的做法時,需要考慮兩件事。

第一,一定要在會議之間安插簡短的休息時間,以便恢復體力、伸展、上洗手間,並為下一場會議做準備。要做到這點,其中一個方法是縮短會議時間。例如,30 分鐘的會議可以縮短為 25 分鐘。

第二,如果你很努力地把空閒時間集中起來,想增加實現心流的機率,那就在行事曆上鎖定這個時段,把它變得神聖不可侵犯。一定要好好保護心流的時段。

雖然從心流的角度來看,將會議集中在一起似乎是最多人支持的做法,但仍有受訪者表示更偏好分散會議,即使這樣做會犧牲心流。他們提出以下的理由:

- 防止接連不斷的會議所造成的會議倦怠。
- 有時間在會議之後放鬆,同時思索會議內容或做筆記。
- 有時間準備下一場會議。
- 有時間在兩場會議之間完成工作或檢查信件,以免工作愈積愈多。

顯然,在安排會議時,不同的人會有不同的偏好。上述理由絕對可以理解,但我真的認為將會議集中在同一個時段,中

間安插短暫的休息時間，就足以緩解這幾點。儘管如此，雖然我因為科學文獻而推崇集中式的會議，但是如果有人覺得不適合自己，那也無妨。

無論你偏好哪一種方式，至少要考慮把會議安排在自然間斷時間（如午餐時間），以便減少任務轉換的情形。這是因為，我們的認知能力無法做到立刻轉換任務和重新專注，這些都需要花費時間和心力。

將會議安排在早上第一件事、午休時間前，以及一天結束前，這些都與工作自然被打斷的時間相符，因此每一場會議只會造成一次任務轉換的干擾，而非兩次。任務轉換的次數減少，可以讓你更有生產力、更滿意自己利用時間的方式，以及增加心流的機率。右圖將舉出三個利用上述做法在行事曆上呈現的例子。

大體而言，安排一對一會議和管理你的工作量是你的職責，你擁有選擇權。最佳實務的建議是，你應該找出最適合你的一對一會議時段，讓你有機會實現心流和完成深度工作。接下來，讓團隊成員從這些時段中挑選，這樣他們也有一些選擇權，可以創造自己實現心流的機會。

為了有效做到這一點，讓部屬挑選的時段必須夠多，才可能選出雙方都適宜的時間。確定時段之後，將排定好的時間持續六個月到一年，此舉除了帶來穩定性，也避免反覆一來一往地重新安排時間。

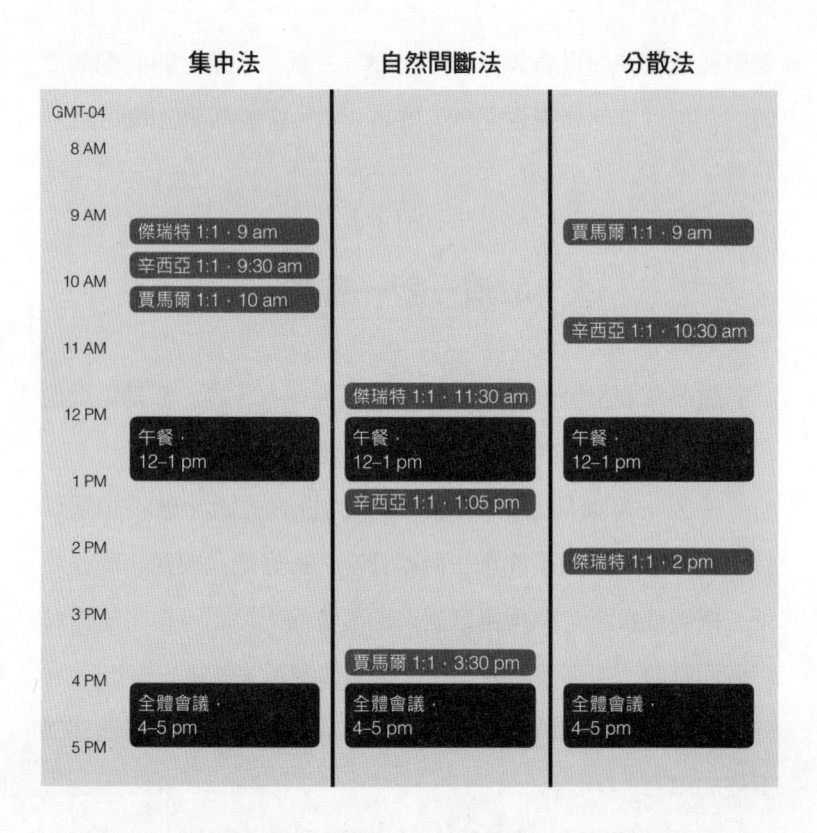

	集中法	自然間斷法	分散法
GMT-04			
8 AM			
9 AM	傑瑞特 1:1・9 am		賈馬爾 1:1・9 am
10 AM	辛西亞 1:1・9:30 am		
	賈馬爾 1:1・10 am		
11 AM			辛西亞 1:1・10:30 am
12 PM		傑瑞特 1:1・11:30 am	
	午餐, 12–1 pm	午餐, 12–1 pm	午餐, 12–1 pm
1 PM			
		辛西亞 1:1・1:05 pm	
2 PM			傑瑞特 1:1・2 pm
3 PM			
4 PM		賈馬爾 1:1・3:30 pm	
	全體會議, 4–5 pm	全體會議, 4–5 pm	全體會議, 4–5 pm
5 PM			

市面上也有很多應用程式和網路資源，可以幫助你和部屬找到能夠配合彼此行程的會議時間。例如，Microsoft Teams 會議平台有一個「排程小幫手」（scheduling assistant）功能，讓其他人可以查看你有空的時間，並建議能夠配合雙方行程的開會時間。

在這種情況下，你可以在行事曆上特別標示出想用來完成自己工作的時段（非會議時段），這樣其他人在檢視你的行事

曆時,這個時段就會顯示為「忙碌」。而行事曆上的其他開放時間都可以讓部屬隨意選擇,做為一對一會議的開會時間。

取消一對一會議

這一章要討論的最後一個主題很少有人想過,那就是取消一對一會議。除非真的別無選擇,否則不應該取消會議。

一對一會議是你對部屬和團隊的投資,因此應該神聖以待。縱使你必須出差或無法進辦公室,最好還是要找時間在路上、機場或會議之間透過電話與部屬會面。沒錯,你可能得縮短會面時間,但那沒關係。在這樣的情況下,就算只有 5 到 10 分鐘的一對一會議時間,也可以很有成效,對部屬傳達他們很重要的訊息。

此外,如果這個星期真的忙不過來,你可以嘗試非同步方式,像是透過共享文件,讓你和部屬能夠分享進度、評論和想法。這當然也很有效,但主管往往很少使用。雖然這不等於一對一會議,但卻是可以支持一對一會議的過程。假如你因為緊急事件而非得取消一對一會議,請務必主動一點,馬上重新安排時間。

最理想的做法是,重新安排在同一週、愈快愈好。假如你事先就預知一對一會議會與其他事情衝突,則請將會議提前,

> 我應該把所有的一對一會議都安排在同一天嗎？目前尚未有研究直接回答這個問題。這其實是個人喜好的問題。我們只知道，成功的一對一會議和任何會議一樣，需要專注和精力。假如有很多一對一會議要開，全都擠在同一天對領導者來說可能要求太高。不過，這終究要由你自己決定。

而非推遲，如此部屬會知道你把他們放在優先位置。

團隊成員可以取消一對一會議嗎？答案當然是肯定的。然而，你應該觀察他們有多常取消一對一會議，看看是否已成了常態。團隊成員老是取消會議，可能表示有問題存在。

在這種情況下，主管在決定該如何處理之前，必須先深入了解團員取消會議的根本原因。我們的初始研究顯示一件很重要的事，那就是部屬表示希望減少一對一會議時，實際原因往往與會議的品質、價值有關，而不是時間因素。

換句話說，我在研究中發現，部屬想要減少一對一會議的首要原因並不是他們很忙，而是主管進行一對一會議的方式不好。例如，主管如果沒有真心參與部屬重視的事物，部屬就會希望減少會議。有關部屬對會議品質的看法，你可以參閱第 13 章，了解如何尋求一對一會議的回饋。

> **本章重點筆記**

- **找到適合你的排程方式：**
  雖然研究顯示，把會議集中在一起最能創造不受干擾的時間、減少任務轉換的情形，以及實現更好的心流狀態，但是不同的主管對這個做法的喜好不一樣。
  排程是主管的職責，所以請挑選一個與你的需求和偏好相符的時程，同時也給部屬一些決定權。

- **了解會議安排會影響你和部屬，並據此做出相應計畫：**
  安插簡短的休息時間，這段時間可讓你消化上一場會議的資訊，同時為下一場會議做準備；把會議安排在自然的過渡時段（例如午餐時間），可以減少任務轉換和認知負荷；最後，如果你想把所有一對一會議排在同一天也可以，但要留意自己的開會量，不要因此影響到自己和會議品質。

- **避免取消一對一會議：**
  取消一對一會議可能會讓部屬覺得你沒有把他們放在優先位置。假如真的有必要（如遇到緊急情況），請馬上重新安排一對一會議，且不要距離原訂的時間太遠。
  假如你事先知道必須取消一對一會議，請將會議挪到原本安排的時間之前，而不是之後。這樣一來，你能讓團隊知道你很重視他們的工作和個人需求。

─── 第 5 章 ───

如何選擇地點？

人們在哪裡聚會很重要。這句話的意思是，環境因子可能大大影響情緒和行為。以下面這些研究發現為例：

- 室內空氣汙染的程度較高時，西洋棋手在下棋時，會有較多錯誤判斷。[1]
- 在較為溫暖的房間參加PSAT（一種標準化的大學入學考試），分數會比較低。[2]
- 高噪音的房間環境會對形成記憶的能力產生負面影響，並引起疲倦感。[3]
- 病患在空間較大診間向醫生透露的資訊，比在小診間來得多。[4]
- 與天花板較低的房間相比，在天花板較高的房間可以想出更多有創意的解決問題策略。[5]
- 我曾針對部門員工會議進行過一項研究，發現適當的光線、以出席人數來說不會太大或太小的房間，以及舒適的溫度，都會影響會議滿意度。[6]

就連室內的顏色也有人研究。雖然研究因為缺乏確鑿的資料而引起爭議,但據信黃色可引起飢餓感。可以猜到麥當勞的室內裝潢採用什麼顏色嗎?另外,藍色則被認為可以令人平靜放鬆,因此如果希望客人在酒館/夜店/酒吧多加逗留,藍色或許是較好的色調選擇,這樣客人待得愈久,點的飲料也就愈多。儘管認為室內顏色會引起飢餓感或平靜感,好像有點言過其實,但是研究相當確信,顏色在某種程度上與情緒及後續的決策有關。[7]

總而言之,在籌劃一對一會議時,空間是值得考量的因素。每一種地點都有好有壞,而且有很多選項可以考慮。本章要談論的,就是該在哪裡召開一對一會議。接下來,我將介紹部屬和領導者認為最適合的地點建議。

一對一會議的地點

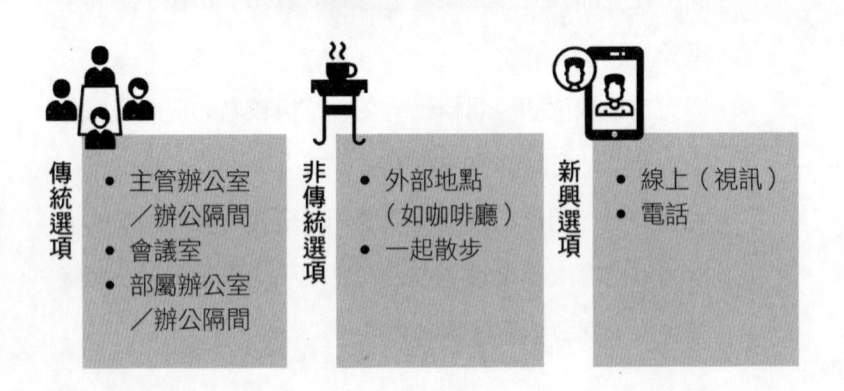

傳統選項
- 主管辦公室/辦公隔間
- 會議室
- 部屬辦公室/辦公隔間

非傳統選項
- 外部地點(如咖啡廳)
- 一起散步

新興選項
- 線上(視訊)
- 電話

傳統的會議地點

在你的辦公室開會是很常見、也非常合適的一對一會議選擇，只要你的辦公室沒有與其他人共享，可以減少分心和受到打擾的機會就好。

部屬的辦公室也是不錯的選擇，我覺得這個選項有很多優點，包括表示這是為部屬召開的會議。此外，主管也可以了解部屬的工作空間和整理習慣（像是觀察牆上掛的東西、相片等，看看什麼對你的部屬來說很重要）。

然而，會議安排在部屬的空間進行，可能會讓人感覺有一點侵擾和武斷的意味。因此，還有第三個選擇，那就是會議室。會議室是中立的空間，我喜歡這點。但是會議室有時候不好預約，且可能也沒有開會時需要用到的檔案和電腦。

非傳統的會議地點

一對一會議當然也能在餐廳、咖啡廳或戶外長椅上舉行。走出傳統辦公環境，雙方的身分地位隔閡可能比較容易克服，因為這讓一對一會議感覺比較輕鬆、自然、有人情。新鮮的環境也令人精力充沛、感覺更加靠近。

不過，這些環境也有缺點。你對這些環境的掌控力較低，因此可能會受到較多噪音或意料之外的分心事物干擾與中斷。此外，你們之間的對話可能會被人聽見，導致難以討論某些話題或建立心理安全感。

最後,有些空間提供的硬體有限(像是桌子大小或有無電源插座),讓人很難記下筆記和行動項目。針對這些概念,我研究中的一位受訪者表示:「一對一會議最大的價值之一,就是能夠彼此坦承,因此我不希望在公共場所或有別人在的辦公隔間等地方與他們進行一對一的會面。」

當然,只要慎選能夠確保隱私的外部地點、選擇人潮較少的時段,都可以消除這些缺點。此外,你可以使用手機做筆記,不需要扛著筆電或筆記本。稍微上網搜尋一下,就能找到很多好用的語音轉筆記應用程式。

散步會議

有不少領導者很熱愛散步會議這種形式。例如,史蒂夫・賈伯斯(Steve Jobs)在傳記裡提到,他很喜歡在長距離散步時進行正經的對話。其他會這麼做的名人還包括馬克・祖克柏(Mark Zuckerberg)、推特共同創辦人傑克・多西(Jack Dorsey),以及美國前總統歐巴馬(Barack Obama)。

那麼研究是否支持散步會議?當然!首先,這對你有許多好處!散步有益身體健康,包括降低心血管疾病風險、改善體重、降低某些類型癌症及失智症風險、降低膽固醇、增加骨骼肌力等。除了生理健康,還有心理健康的好處,如增加幸福感。像是一份關於散步會議的研究便證實,受試者在進行散步會議 90 天後,不但精神變好,敬業程度也提高了。

想當然，精力和敬業程度提升後，對會議本身也有好處，甚至可以提高專注力和創造力。事實上，有關散步會議的研究發現，進行散步會議的人對工作的整體敬業程度更高的可能性要多出 8.5%，且在工作時也比較有創意。[8]

另一項研究檢視了散步和創意之間的關聯，發現與坐著進行創意練習等其他情況相較，在戶外走路更能提高創造力。此外，與面對面坐著互看比起來，雙方在做同樣的活動（散步）時，看著同一個方向會產生一種合作的感覺。這特別適合開啟難以啟齒的對話，因為散步會讓談話感覺沒那麼正式。

總之，研究顯示，散步有益身心健康，並能夠為工作表現帶來正面的結果，[9]這表示在一對一會議時出去散步是有益的。

不過，散步會議也有一些需要留意的缺點：散步時可能出現令人分心的事物、你們可能撞見認識的人、在查看或做筆記時可能比較困難（但是如同前面提過的，做筆記的問題透過語音轉筆記的應用程式便能輕鬆解決）。請注意，假如你的一對一會議預計會超過 30 分鐘，則這麼長的散步時間對某些人來說可能顯得吃力。

同樣地，散步會議並不適合所有人，有些人可能生理上無法配合，或純粹不喜歡邊走路邊談生意。另外，散步會議也得看天氣，因為沒有人想在雨中或是酷寒（或酷熱）的天氣下走路。基於這些原因，如果你想選擇這種開會方式，一定要先詢問部屬的意見，並提前通知與會人士，對方才會穿合適的鞋子

赴會。事先規劃適當的路線，以便在會議結束時完成步行。這條路線也應該要相對安靜，沒有太多令人分心的事物——並非所有辦公場合都能提供。

最後，請為會議設定備案計畫，以防天氣變差。再補充一點：替遠距的團隊成員舉行散步會議也是可行的，可以考慮一下。在這個模式中，你要負責安排一對一會議，接著雙方同時一邊通話、一邊散步。這除了帶來不一樣的感覺，還可以暢通血液，且效果可能很好。

然而，關於在散步會議期間做筆記這件事，你若不想當下使用手機記錄，我建議你在會議結束後立刻進行。一回到你的辦公區域，就馬上記下會議的重點，並要求部屬也這麼做。接著分享彼此的筆記，確保雙方認知一致，沒有遺漏或誤解。

線上會議

我們對線上一對一會議有什麼了解？其實並不多。首先我想說明，在我的研究中，目前尚未發現實體和線上進行一對一會議這兩種方式對於開會成效有什麼顯著的差別。不過，我們確實觀察到，喜歡面對面一對一會議的人比例稍微過半（55%），但是人們對於線上一對一會議感到自在的程度也非常高，這表示一對一會議是線上或實體舉行似乎沒什麼差別。

以下是我蒐集到的一些資料，分別說明受訪者為什麼喜歡實體或線上的一對一會議：

喜歡實體一對一會議的理由和引述

理由	引述
非語言溝通的方式較豐富／親近／私密	「面對面比較親近，溝通比較良好，會包含非語言溝通。」
比線上會議容易專注和互動，令人分心的事物較少	「線上開會比較容易受到電子郵件等事物分心。實體的一對一會議好像會比較專注。」
較容易分享資料和文件	「較容易分享紙本資料。」
可促進和諧及培養關係	「對我來說幾乎是一半一半，但實體會議比較能夠平衡正經事和人情味。」 「面對面比較容易建立和諧的關係，也更容易進行一些私下的觀察和交談，讓彼此顯得更有人性。線上也做得到這些，但需要更積極專注才有辦法，而大部分的主管都不會特別花時間做這些。」

喜歡線上一對一會議的理由和引述

理由	引述
較容易分享檔案	「我的工作幾乎都是在電腦上完成，因此能分享螢幕、知道資料夾在共享硬碟上的什麼位置，並瀏覽我有疑問的檔案，會很有幫助。」
喜歡遠距工作／住得比其他與會者還遠	「我喜歡在家工作，我的一對一會議在這種線上環境一直很有成效。面對面也很好，只是我比較喜歡線上工作。」 「我們的公司是全球性組織，因此要開實體會議不可能。我和主管不在同一個州。」
較有效率、切中要點	「比較有效率／舒適。」
內向者較容易參與互動	「老實說，我比較內向，我在鏡頭前會比面對面的時候更能大方表達。面對面的時候，我比較會有所保留。」

第 5 章　如何選擇地點？

我想補充說明，有些人提到，對於線上還是實體會議的偏好，其實取決於對話的內容和涵蓋的主題。若是比較深入且重大的議題，實體對話可能比較適合。此外，有些比較資淺的員工認為，實體見面對他們的職涯晉升與發展會有幫助。

整體來說，線上一對一會議好處多多，雖然可能並不適合所有情況，但對很多人來說卻可能是唯一的選項。根據前述這些資料，如果可能的話，就應該召開實體的一對一會議。但若做不到，線上會議也是非常合理的選擇。

最後，我要指出一個重點，那就是不一定要非此即彼。就像這位受訪者所說的：「我會傾向於以五比一的比例混合兩者，大部分的時候採取線上形式，因為我和主管都常常不在公司，非常忙碌，所以比較常開線上會議。但是，偶爾一起吃午餐／散步／喝咖啡，可以讓我們帶出比較私人的話題或即興的想法，這在更高效、更專注的線上會議不會出現。」

當你考慮採取線上一對一會議時，以下提供十大訣竅，能幫助你從線上互動得到最大的效益：

線上一對一會議的最佳實務	
1. 事先測試設備，免得過程中出問題。	6. 把鏡頭對準你的臉。
2. 保持專注，不要同時做多件事。	7. 開啟「隱藏本人視圖」功能，讓視訊對話更自然。

線上一對一會議的最佳實務			
📷	3. 打開鏡頭，更有存在感。	📶	8. 確保網路訊號穩定。
💡	4. 充足的光線以捕捉非語言溝通。	🐒	9. 減少令人分心的事物。
🏞	5. 可以的話使用真實的背景，感覺比較自然。	🖥	10. 利用白板等線上工具來協助互動和記錄。

喜好數據

不論實體或線上一對一會議，我並沒有數據顯示哪一類會議地點效果最好，但我倒是有主管和團隊成員偏好哪些地點的資料，可以告訴我們很多事：

地點	喜歡	不喜歡
主管辦公室	51%	19%
部屬辦公室	29%	35%
會議室	52%	18%
外部地點（如咖啡廳）	45%	29%
散步	48%	31%

主管辦公室和會議室是最受歡迎的地點，部屬辦公室則是

評價最低的地點,大多數人顯然都不喜歡。有趣的是,人們對外部地點(如咖啡廳)和散步(親自到場或遠距通話)這兩個選項的興趣都在 50% 左右。不過,也有 30% 左右的受訪者表示不喜歡這些地點。也就是說,有些部屬喜歡這個做法,有些則持相反感受。這說明了,與每一位部屬溝通以了解他們對會議地點的喜好,是很重要的事情。值得注意的是,受訪者對不同地點的偏好與他們的性別、職位階層或年紀無關。

尋求意見

在檢視這些關於會議地點喜好的資料時,會發現每個人對於不同地點和線上會議的喜惡有明顯的差異。因此,你需要事先跟部屬聊聊,以了解他們對哪一種一對一會議地點感到最自在。他們清楚自己喜歡或不喜歡什麼,也或許他們根本不在乎。詢問他們的喜好,也可以讓對方知道這場會議是專為讓他們感到自在而設計的。

關鍵在於挑選一個大家都能感到輕鬆、專注、心理安全且不受干擾的地點,以便完全投入會議。此外,會議不必每次都在同一個地方舉行。你當然也不需要每次更換地點,但我們往往很容易陷入幾乎機械性重複練習的窠臼。有時透過改變會議地點以維持一對一會議的新鮮感會有所幫助。

> 心理安全感是一種信念,亦即相信自己說出內心想法、提出擔憂,或犯錯之後,不會遭到懲罰。若要營造透明、誠實、有意義的一對一會議,心理安全感極為重要。這表示你要打造一個環境,讓部屬能自在地提出問題、表達疑慮、分享點子,而不必擔心有不好的後果。在選擇會議地點時,請記住這點。你不應該危及部屬的心理安全感,特別是議程涉及敏感或私密話題時。

> **本章重點筆記**

- 空間很重要：

  開會的地點可能會影響一對一會議的工作效率。無論你決定在哪裡召開一對一會議，都要確保這個空間能夠促進良好的會議成效。隱私性、空氣品質、室內溫度、吵雜程度、可能令人分心的事物，甚至是天氣（針對散步會議）都可能對一對一會議造成負面影響。

- 地點有很多選擇：

  一對一會議的地點有傳統和非傳統的選項。研究指出，主管辦公室或私人會議室等傳統選項都很棒。然而，也有非傳統的地點，例如你可以考慮進行一對一會議的散步會議或前往鄰近的咖啡廳，只要留意每個地點的優缺點即可。另一方面，線上會議也是很棒的選擇，大多數員工都很願意接受。

- 找出適合的選項，但也要不時改變：

  與直屬部屬討論哪一種選擇對你們雙方都有效。有的部屬可能喜歡某個地點，而有的部屬可能在另一個地點進行一對一會議會更有成效。關鍵在於找到恰到好處的地點。話雖如此，你也應該考慮時不時更改地點，如此可以保持新鮮感，不讓一對一會議變成例行公事。

第 6 章

如何開啟對話？

我不介意回答深思熟慮的問題。
但我並不喜歡回答這種問題：
「假設你遇到搶匪，你的一個口袋裡有光劍，
另一個口袋有鞭子，你會使用哪一樣？」

——哈里遜・福特（Harrison Ford）

這一章要討論的是，在一對一會議期間應該談論和詢問什麼，才能夠激發豐富又有意義的對話。有很多選項可以考慮。回到本章標題，一句「你好嗎？」或「你過得如何？」確實能夠帶出非常重要的議題和主題。這類問句可以催生各式各樣很棒的對話，特別是如果部屬認為你的詢問非常真誠的話。

但上述問句最主要的問題是，人們通常會快速給出一個在社交互動中根深蒂固的標準回答，像是「很好」、「不錯」、「很棒」。這些問句無法觸發太多想法和思考。然而有研究證實，只要把這種廣泛的問候換一個有趣的方式提問，就能帶出

更深入的見解,[1]例如下方問法所示。

你可以這樣問：「花點時間思索你在生活和工作方面發生了哪些事。根據這些,你覺得自己一切還好嗎？」或者,「考量到你目前所經歷的一切,你覺得你今天怎麼樣？」不一樣的地方是,部屬一定要使用紅綠燈標誌或滿分十分的評分量表來回答。如果是紅綠燈標誌,「綠燈」表示一切都很好,他們很快樂、穩定成長；「黃燈」表示大致上很好,但遭遇一些問題和壓力,雖然過得去,但並不輕鬆；「紅燈」表示部屬目前遇到重大的疑慮、困難和擔憂需要處理。

另一個方法是請部屬以滿分十分的評分量表回答,零分代表非常糟,十分代表非常好。無論使用哪種方式,這都能誘發更多想法,得到的回答也會提供值得探索的東西。例如：「多告訴我一些,你今天為什麼會感覺是『黃燈』或『六分』,怎麼了？」額外的真誠和深度是把一對一會議變得很棒的關鍵。

所以,沒錯,一句真心的「你好嗎？」確實會促成很棒的一對一會議,但卻無法讓我們充分發揮一對一會議的所有潛力。現在,讓我們一起來思索其他能夠使會議更多元、涵蓋更多有意義主題的可能性。為此,我訪問了超過 250 名員工,詢問他們覺得最適合問的兩個問題。所有的回答都經過內容分析,大致可分成五大類別,結果如右頁。

這些問題都很棒,不僅納入更廣泛的主題,更重要的是還把幫助、支持、諮詢帶進對話之中。可以考慮的選項不只這

主管最該問的五個問題

1. 我能怎麼幫你？
2. 你做得如何？
   什麼方面很順遂？
3. 你需要我做什麼？
4. 我能如何支持你？
   我能提供什麼資源？
5. 你面臨什麼障礙／阻礙／困難？
   什麼地方不順遂？

部屬最該問的五個問題

1. 我能怎麼幫你？
2. 我做得如何？
   針對某方面，你對我有什麼意見回饋？
3. 我能為你做什麼？
   我能如何支持你？
4. 我應該優先做什麼？
5. 我該如何在職涯中晉升？我該如何進步／成長／發展／做得更好？

些，本章將提出更多可以在一對一會議討論的問題。

很顯然，一場一對一會議能夠問的問題有限。然而，定期輪替不同的問題，在長時間經過多場會議之後，便能創造很多有趣且全面的對話。有些問題可能十分適合你自己或你與部屬之間的關係，有些可能不適合，這完全沒關係。你可以把接下來列出的例子想成是一份龐大的選項清單。另外，我也為遠距員工列出一些特別的問題，可以參閱<準備篇工具箱>。

除了某些例外，這些問題基本上都是身為主管的你可以提問的問題。不過，大部分的問題部屬也可以原封不動、直接拿來問你，或是若他們願意的話，也可以稍微調整一下。

第6章 如何開啟對話？

讓我舉個例子說明：

> **主管**：是否有任何阻礙拖累你的進度？我能提供什麼協助？

> **部屬**：你能不能建議我如何應付某某阻礙？

問題類別

結合我在研究中整理出的問題，以及大量文獻探討，便能找出關聯性極高的六大問題類別。如前所述，理想的做法是從不同類別挑選問題，長時間下來便能創造多元的豐富對話。

1. 培養人際關係

要培養個人和職場的人際關係，雙方需要認識彼此、發現共通點，以及探索差異。第一步是了解對方這個人，也就是他們在工作之外是什麼樣的人。這應該是個漸進的過程，因為信任感和自在感都需要時間建立，有了這些，對方才會更容易揭露自我。然而，每一步都不可以脫離部屬的舒適圈。接下來，第二步則是要了解部屬在工作方面的喜好。

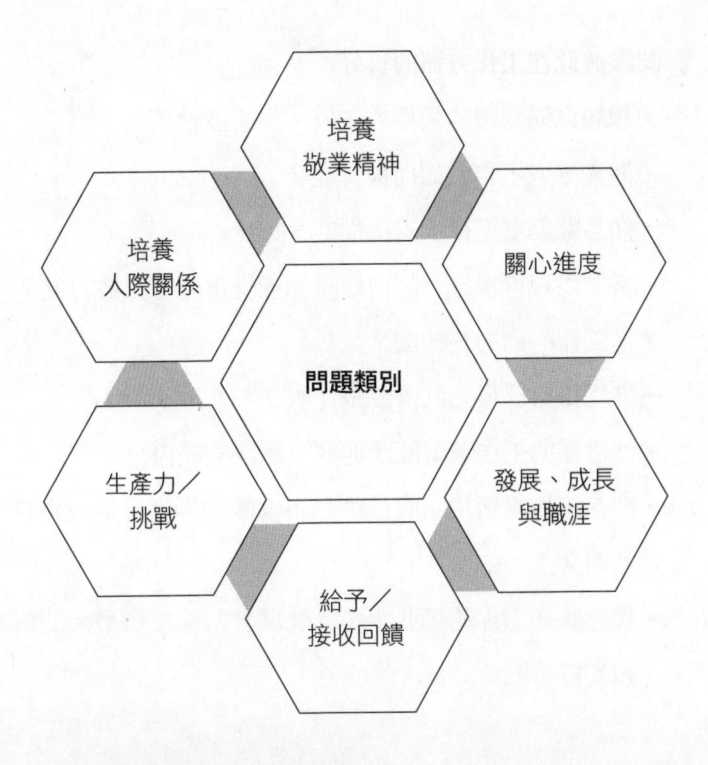

```
        培養
       敬業精神

  培養              關心進度
人際關係

        問題類別

  生產力/            發展、成長
   挑戰              與職涯

         給予/
        接收回饋
```

更認識你的部屬是什麼樣的人

- 在目前的工作之外，有什麼令你興奮的事物？
- 你最喜歡做哪些事來放鬆？
- 你最近在觀看、閱讀或聆聽什麼（播客／書籍／音樂／電影）？
- 你放假最喜歡怎麼過？
- 你口袋清單的下一個旅行地點是哪裡？
- 你工作之外的生活過得如何？
- 你有沒有想知道我的什麼事？

▎認識彼此在工作方面的喜好

- 想想你遇到過的最棒的主管,你喜歡他們哪一點?
- 你喜歡或不喜歡如何被管理?
- 你喜歡怎麼組織或安排你的一天?
- 當你表現得很好,如何會讓你感覺你的努力被看見?
- 你工作的動力是什麼?
- 你覺得自己最大的優點是什麼?
- 什麼樣的工作環境能讓你成為最快樂的自己?
- 你在工作場所中,有什麼最不喜歡的地雷,是我應該注意的?
- 我應該知道你的哪些事,才能讓我為你提供最大的幫助和支持?

2. 培養敬業精神

培養和維持員工的敬業精神,是每一位領導者的重要職責。要做到這點,你必須了解團隊成員對自己的工作、職務和日常業務有什麼感受,而促使他們留在公司以及可能讓他們想離開的因素又是什麼。

▎日常工作

- 工作的哪些部分你不喜歡?那你最喜歡的是什麼?
- 自從你開始擔任這個職位,一切是否如你所預期?有沒

有任何出乎意料的優點或缺點？
- 你是否從這份工作中找到意義？如果沒有，什麼樣的改變可以有所幫助？
- 工作中有哪些部分是你希望可以消除的，以便專注在更重要或更令人滿足的職責？
- 你是否滿意自己的工作／生活平衡？有沒有什麼我可以幫得上忙的地方？

留任
- 什麼因素能讓這份工作和這間公司更具吸引力，讓你想要長久留任？
- 這份工作和這間公司的哪些層面可能會讓你想要離開？
- 你覺得這間公司可以幫助你成長、發展和發光發熱嗎？
- 其他工作或公司的哪些層面可能會讓你想要跳槽？
- 什麼樣的薪資福利能讓你在這裡快樂成長？

3. 關心進度

這個類別的問題是為了解關鍵工作活動、分享重要更新、追蹤後續事宜，還有或許是最重要的──確保你與部屬之間有一致認同的優先順序。

- 你最關心的事情是什麼？
- 上次一對一會議討論的行動項目有任何新進展嗎？

- 你目前是否進行哪些我應該知道卻不知道的事項？
- 我們來檢視一下正在追蹤的重要工作／職務／目標／績效指標。一切都還好嗎？我能提供什麼協助／支持？
- 過去 ＿＿ 星期以來，你在工作上有什麼順遂／不太順遂的地方？
- 你接下來 ＿＿ 天最優先的事物有哪些？我們可以如何幫助你完成？
- 我們在上次的績效評估／訓練討論中談到了 ＿＿。這部分做得如何？

在提問上述問題時，請小心不要給人微觀管理的感覺。你不應該讓部屬在結束一對一會議後，感覺你試圖控制他們工作的每個小細節。微觀管理會使關係緊繃、降低敬業程度、損害士氣、減少生產力。要預防這點，請提出其他類別的問題。換句話說，盡量不要同一場會議只問關心進度的問題。

4. 生產力／挑戰

舉行一對一會議的關鍵目的之一，就是提供協助與支持，幫助部屬發光發熱。為此，你必須了解部屬正在面臨的困難，包括指派的工作、團隊本身，或是部屬的部屬所帶來的困難。

▎障礙、阻礙或疑慮

- 什麼事情使你進度變慢或受阻嗎？我能提供什麼協助／支持？
- 你清楚自己的職務和職責嗎？有什麼需要我說明的嗎？
- 上次我們談到你認為，＿＿＿ 對你來說是很大的挑戰，現在怎麼樣了？
- 我們在工作上都會遇到讓人感覺浪費時間的事物，你的是什麼？
- 我要如何才能幫助你成功？

▎評估團隊認知

- 我們的團隊文化如何？你認為有哪些是可以改善的？
- 團隊成員之間的溝通是否順暢？
- 你覺得自己是受到重視的團隊成員嗎？
- 你覺得我們是一個具包容性的團隊嗎？
- 你認為團隊需要我提供任何支持／協助嗎？

▎關於部屬的部屬（如果有的話）

- 你的團隊成員／部屬的情況如何？
- 有沒有出現明日之星？與團隊成員之間有沒有任何問題想要跟我聊聊？
- 你績效最好的部屬有沒有離職的可能？

- 我能做些什麼來協助你管理你的團隊嗎?
- 關於你的團隊,你認為有什麼事讓我知道會比較好?
- 你覺得有沒有什麼人我應該見見會比較好?

5. 給予／接收回饋

　　一對一會議是一個以個人、直接且深入的方式溝通和分享回饋的絕佳機會。這件事的核心就是提供回饋(我們之後會在〈執行篇〉詳加討論),以及收集部屬針對你這位主管、你舉行的會議和整個組織的回饋。

▎給予部屬回饋

- 我是否給你足夠的回饋?我的回饋對你有幫助嗎?如果沒有,我該如何改進以幫助你成功?
- 我可以提供哪方面的回饋／指導?想想你目前正在進行的工作活動或技能,有哪一項希望得到更多回饋?
- 我今天可以給予什麼對你有幫助的回饋?你有沒有任何專案、任務或技能希望現在就得到回饋?
- 你覺得我有肯定那些你做得很好的地方嗎?

▎跟團隊成員聊聊組織

- 你對公司／團隊目前進行中的某件事有沒有任何疑問?
- 你對(公司／團隊目前進行中的某件事)的想法／反應

是什麼？
- 我想告訴你（公司／團隊目前進行中的某件事），並得知你的想法，看看你有沒有什麼問題。

接收與你自己有關的回饋

- 我想盡我所能成為最好的主管，不曉得我在哪方面（列出不同的主題，如工作委派、溝通、團隊動態、優先順序等）可以如何改進？
- 你希望從我這裡得到更多還是更少指示？
- 身為你的主管，你認為我哪些地方做得很好或不太好？
- 關於（列出某個主題，如團隊、職務、組織等），你認為有沒有什麼事我應該知道？
- 有任何事我可以嘗試不一樣的做法，以幫助你或其他團隊成員嗎？
- 假設要指導我成為優秀的領導者，你會給我什麼建議？

接收有關會議的回饋

- 你覺得我們開會的次數太多還是太少？你覺得有沒有什麼會議可以取消、改變，或者嘗試不同的做法？
- 你對我們的團隊會議有什麼想法？我們要如何讓這些會議更有效率？
- 我們的一對一會議對你有成效嗎？有什麼需要開始、停

止或繼續的地方？
- 你覺得上星期的 ＿＿ 會議，有哪些進行得很好或不太好的地方？

▌接收有關公司／團隊的回饋
- 你認為我們公司／團隊最棒的契機是什麼？
- 我們公司／團隊最大的盲點、風險或問題是什麼？
- 假設你是公司的執行長，你會馬上改變什麼？
- 關於我們的組織／團隊文化，你最喜歡和最討厭的部分是什麼？

6. 發展、成長與職涯

這個類別的問題全都與展望有關，亦即關於探索未來道路，並努力予以實現。這些問題把焦點從日常工作轉移到部屬的長期可能性及對未來的希望。

- 你希望在未來五到十年的職業生涯中達到什麼水準？
- 聊聊你的長期目標吧！我可以如何幫助你實現？
- 你我能夠做些什麼，以幫助你實現志向？
- 你覺得你給自己設定的長期目標有出現進展嗎？
- 你想要在這份工作中習得哪兩、三套新知識／技能？
- 有沒有什麼不在你目前職位範疇，但你想要做的事情？
- 公司內部（或外部）有沒有哪些你希望學習的對象？

- 這個月你的職涯目標有何進展？
- 這個產業有沒有其他你想了解更多或拓展人脈的地方？
- 在目前這個職位／工作之後，你希望得到什麼樣的職位／工作？

上述這些問題比較籠統，但是當然可以、也往往應該根據部屬的工作或職位提出更明確的問題。我鼓勵你修改和調整這些問題，以期更符合你和部屬的情況，且更貼近你的聲音。

關於提問的注意事項

上網搜尋一下，就能找到更多一對一會議可以問的問題。重點是要找到你覺得很好且可以激發對話成效的問題。避免問一些要團隊成員列出自己做了哪些事的問題，或是讓人感覺你很愛控制／微觀管理的問題（像是「你這星期做了什麼？」）。在準備篇的工具箱，我附上一份一對一會議問題常見錯誤的檢查清單可供參考。

有些問題可以常常提問（例如「關心進度」這個類別的問題），因為這些比較可能影響日常的工作體驗；有些問題可以定期詢問，但不需要每週或隔週提出，因為這些問題比較專注在未來（例如「發展、成長與職涯」類的問題）。我建議將不

同的問題長時間分散在不同的會議,使一對一會議變得面面俱到,對所有人來說都充滿新奇,但同時也要在整個過程中時時留心。

問題的選擇也可能與當時的情況有關。比方說,如果這是你與該團隊成員第一次的一對一會議,就要多挑選「培養關係」和「發展、成長與職涯」的問題;如果你想要把一對一會議的焦點放在留住可能有離職風險的部屬,則可以多挑選「發展、成長與職涯」、「留任」,以及「關心進度」的問題。

我必須再三強調,一對一會議並沒有一個特定的神奇公式,提出的問題也是。你必須挑選適合你自己、部屬,以及彼此關係的問題。基本上,你要不斷嘗試,找出最適合雙方關係以及彼此自在和信任程度的問題。

另外,別忘了你是部屬的主管,而不是他的心理治療師。話雖如此,若有需要,你當然可以轉介人資、員工協助專家或外部教練給部屬。總之,請務必尊重你自己的界線和這段關係的界線。

最後,同時可能也是最重要的一點:要透過提問來開啟有意義的對話,關鍵在於態度真誠,以及對部屬的回答真心感興趣。你應該仔細聆聽、探索對方分享的訊息,並盡可能提供適當的支持。若少了這一點,則問題再好也達不到效果。我會在第 9 章討論如何進行有效探索及後續追蹤部屬的回答。

> 在問到留任或改善部屬工作環境的問題時,要注意他們的建議,有些可能並非你所能控制。例如部屬希望在家工作,這或許不可行,甚至不是你能決定的。當建議未被採納,部屬可能會感到氣憤。為了避免這種情況,請勿說出做不到的承諾;盡力實現他們的願望;需要時,再後續說明你能或不能做什麼,並解釋原因。

> **本章重點筆記**

- **「你好嗎？」並不夠：**
  這種問題無法啟發想法，也無助於促成有意義的對話。雖然問題沒有不好（特別是使用紅綠燈標誌等新穎的方式回答），但這不該是一對一會議的核心問題。

- **有許多可供選擇的好問題：**
  細膩的提問方式可為一對一會議創造高品質的對話。請從培養人際關係、培養敬業精神、關心進度、生產力／挑戰、給予／接收回饋、發展、成長與職涯，這六個類別當中深思熟慮挑選問題。
  有這麼多選項可以挑選，可能會讓人難以決定應該使用哪些問題。退一步思考什麼問題適合你和部屬，並適當地修改問題。這會需要你花時間準備，但能夠提高對話的效果，同時展現你對部屬的關心、體貼與支持。

- **替換提問的問題：**
  這裡提供的多種問題選項可為一對一會議對話帶來深度和廣度。請避免只挑單一類別的問題來問。此外，長時間下來，請務必替換不同的問題，如此可以保持一對一會議的新鮮感和互動感，並涵蓋各式各樣的主題，以支持部屬的工作／需求和雙方的關係。

第 7 章

妥善安排議程

決定該談論什麼事項的最重要評斷標準,亦即這些事項是否讓部屬感到困擾、煩惱不已。

——安迪・葛洛夫（Andy Grove），
英特爾前執行長暨共同創辦人

我發現,在一對一會議中,關於議程是否有用,在主管之間意見頗為分歧。有些人認為議程非常重要,有些人則認為議程既麻煩且沒必要。你認為呢?要有議程,還是不需要?

相關研究資料可以協助回答這個問題,你看了或許會很訝異。根據我的數據,事先或甚至在會議開始之初擬好議程的機率約為 50%,而且有這些議程確實會帶來較高的一對一會議價值評分。

有趣的是,議程擬定者是誰(部屬、主管或兩人共同擬定)似乎是關鍵的考量因素。也就是說,議程若由兩人共同或部屬一人擬定,一對一會議的價值評分最高;由主管一人擬定

議程時則最低。這些發現確實符合一對一會議最終是為了團隊成員所召開的這個概念。

此外，在我訪問眾多主管和團隊成員之後，可清楚看出他們並不期待拿到一份詳盡或正式的議程。反之，他們只是想要得到某種事前計畫。即便這個計畫並非正式，而且在會議之初才擬定，但還是有辦法事先為談話預作準備、帶出焦點。

綜上所述，數據顯示一對一會議的議程是有幫助的，但不需要非常詳細或架構分明，也可以發揮成效。議程應該設計得讓部屬能高度參與會議，並描繪出前進的路徑，且最好事先規劃，使一對一的會議時間意圖明確、富有意義。

開場議程項目

議程的第一項應該是簡單的開場白。不要直接切入正題，先花個五分鐘的時間建立融洽感和了解部屬近況，這會顯示你很在乎並對團隊成員感興趣。如果部屬不會感到不舒服，則工作以外的內容絕對可以討論（當然仍要保持專業態度）。每個人都有自己的生活，而生活難免會影響工作。比方說，我在訪談過程中聽到一個故事：部屬談到了對於進行老年照護所感到的焦慮，於是主管協助這名團隊成員調整工作時段，以減少時間衝突，讓部屬減輕許多壓力。儘管有這類成功案例出現，還

是要視部屬希望談論私人話題的程度而定。

我在訪問山姆亞當斯啤酒的製造商「波士頓啤酒」的一名主管時，對方說了以下這番話，完整描繪出第一個議程項目應有的樣貌：「一對一會議的關鍵是真正了解你的部屬，他們的個人故事，以及最為重要的，是什麼驅動他們。這會讓你真正與部屬產生連結，而這層連結非常重要。」

在建立融洽的關係之後，詢問與上次一對一會議有關的事情，例如後續關心某個問題或詢問某件事最後的發展等等。這會傳達出強烈的訊息，亦即你很認真看待這些會議、你在上次會議仔細傾聽，以及一對一會議互有關聯且延續性強。這會使得團隊成員充滿動力，也有利於營造你的正面形象。請注意，你不需要重述上次會議的所有內容。這不是你的目標，只要快速點到即可。話雖如此，假如部屬想要回頭討論過去的議程項目，當然也沒有問題，絕對恰當。

下一個開場議程項目可聚焦在表彰成就和感謝部屬。這些好話會帶來自在、連結和安全感，並協助對話往前推進。綜合以上所述，開場議程項目應該如下所示：

1. 關懷問候（你好嗎？你過得如何？）

2. 快速跟進上次一對一會議的議題

3. 表達感謝（表彰／感激／感恩）

第 7 章　妥善安排議程

最常見的兩種會議核心議程擬定方法

1. 議程清單法

　　一對一會議的議程可以透過許多方式擬定，但是在我的訪談中，有兩種方法最常出現，且都很輕鬆有彈性。最簡單的一對一會議核心議程擬定模型稱為「清單法」，獲得許多正面的評價。這個方法需要你和部屬各自列出一份討論主題清單，接著在開會時，先逐一討論部屬的清單項目，再換你逐一討論自己的清單項目。為了更明白這個方法的內涵，以下將會根據一對一會議的角色分別詳細說明。

▍團隊成員角色

　　鼓勵部屬不要只是列出一長串議程項目，相反的，他們的清單應該包含關於目前需求的關鍵主題和優先事項。這份清單應該納入工作方面的戰略議題，以及職涯發展等較長遠的議題。這份清單應該聚焦在當下經歷的好壞美醜，但也要提及後續的重要議題。為了激發靈感，你可以請部屬思索各式各樣的主題，因為你不希望這只是一場報告近況的會議（後面會提到更多）：

- 發展順利和不順利的事物
- 可能需要協助的困難／阻礙

- 主管需要知道的主題／議題
- 挫敗點
- 需要的支持及幫助
- 與團隊之間的問題
- 職涯目標和願景

這個過程並非對所有人都是自然而然的。主管可以分享可能適合的項目或建議主題給團隊成員，特別是剛開始召開一對一會議時。這些建議可以是平淡無奇的項目（如：我想聽聽某某顧客怎麼樣了），或甚至是比較棘手的問題（如：我知道你對 ＿＿ 真的感到很挫敗，我想知道後續的狀況），以便更好地鋪陳接下來要討論的內容。

這一切必須描述成「可能」的建議，供部屬考慮，因為你可不希望部屬感覺這場會議是與你的需求有關，而非他們的。與此相關的是，對你和團隊成員來說，最好的做法是用紙筆或電腦記錄每一場一對一會議已經討論過或可以討論的主題。這在擬定議程時，有助於回想並減輕近因偏誤。整體而言，由於部屬的需求非常多元，清單的內容可能存在極大的變化。

主管角色

你很可能也有許多想要討論的主題。你的清單可能包含時間較為急迫或比較長遠的話題。然而，一對一會議的主要焦點

應該放在部屬的議程主題。儘管如此，在列出你自己的清單時，可以考慮下述幾點：

- 你目前在進行哪些部屬應該知道的事項？
- 你參與過哪些會影響部屬工作的談話？
- 你需要部屬進行什麼新任務？
- 你有沒有什麼任務需要委派給部屬？
- 你觀察到哪些給予指導／回饋／成長的機會？
- 有沒有哪個專案的進度需要了解的？
- 有沒有什麼與對方或整個團隊的短期和長期目標有關的事情需要討論？
- 有沒有什麼團隊方面的問題應該討論？
- 是否需要部屬給予某些資訊／回饋？

雖然部屬不需要事先交出他們的議程清單，但我認為若有關聯且有可能的話，事先分享你的議程或部分議程項目會很有幫助。可以提前 24 到 48 小時提供，必要時甚至時間更短。

你可以列點說明就好。分享這份清單的目的，只是要預防開會期間出現措手不及的狀況，同時也可能減輕部屬參加一對一會議的焦慮感。右方是一封電子郵件的範例：

週三一對一會議的議程清單

親愛的恩莉卡：

我很期待週三的一對一會議。在逐一討論過你的議程項目之後，倘若還有時間，我希望討論以下事項：

- 檢閱顧客追蹤系統的流程更動，並回答你的任何疑問。
- 討論訓練專案的最新進展。如果你能給我看看你目前的進度，讓我分享一些回饋，那就太好了。
- 與你分享一些應付難搞顧客的技巧和訣竅。
- 我也很想聽聽你去北部旅遊的經歷！

很期待看到你，並與你一起討論你列出的項目。

謝謝
葛蘿莉亞
主管

與會雙方

會議一開始，先花幾分鐘檢視雙方的議程清單，接著協商最終要討論的主題有哪些。在討論原始清單的過程中，雙方可能會刪除某些項目或將其挪到另一次會議，這樣做沒有問題。通常，雙方的清單都蠻一致的。假如有不一致的地方，這一點其實也能提供有意義的資訊。

在大部分的一對一會議，部屬的項目應該優先討論。如果沒有時間討論完你的所有主題，那也沒關係。你可以事後再進行追蹤，或是主題若有時間性，也可以在下次會議之前安排另一次會議來討論。話雖如此，在團隊成員討論他們的清單時，

你通常也會有機會表達自己的想法。只要你的主題能夠自然融入對話的節奏，不是硬加進去的，那就沒問題。但要小心別讓你的清單搶走會議的焦點了。

如果你採取議程清單法，核心議程項目會是：

- 討論兩份清單，雙方同意要討論哪些內容（如果有所幫助，兩份清單的主題都可以囊括）。
- 逐一討論部屬的重要主題清單。
- 逐一討論你的重要主題清單（時間允許的話）。

有些主管和部屬會事先透過非同步溝通方式完成第一項議程，以便在開會時有更多時間可以進行第二和第三項議程。

2. 議程核心問題法

雖然議程清單法最受歡迎，但是核心問題法在我的訪談中也很常出現。採取核心問題法時，主管需要列出一系列代表議程核心的簡單問句。接著，部屬可以根據自己的意願和需求回答問題。

因此，部屬才是真正控制議程內容和會議走向的一方。身為主管的你只是提供一個廣泛的架構，透過概括性的問題來提問。以下是在我的訪談中經常出現的核心問題：

- 你有沒有什麼問題／疑慮／阻礙／困難想要談談？
- 你在目前工作中的優先事項是什麼？
- 哪些地方進展順利，哪些地方不太順利？
- 我需要知道或深入了解什麼？
- 有什麼地方我能給予幫助或提供支持？
- 你有其他事情想聊聊嗎？想想現在、未來、宏觀和微觀的層面。

團隊成員事先就知道這些問題，所以可以準備如何回答。有時候，部屬甚至可能在會前以共享文件的方式回答問題。以上是常見的核心問題，但你當然也可以放進其他核心問題（見第6章），在不同的一對一會議交替使用。如果你真的更動了核心問題，記得事前告知所有部屬，如此他們才不會措手不及，且也可以在他們選擇的時間先行準備。

討論完核心問題之後，會議的下半部就由你來分享自己想討論的主題。同樣地，跟前面提到的清單法一樣，你可以在部屬說話時順其自然、不加強迫地插入你的議題，只要記得將部屬及其需求放在第一位即可。

在使用這個方法和清單法擬定核心議程時，有一點要小心，那就是這些方法很容易聚焦在當下的戰略議題和救火情況，而非職涯發展等長遠議題。這樣會很有問題，因為我們不希望讓一對一會議落入狀態更新的陷阱裡。在分享如何逃脫之前，請先讓我詳加說明狀態更新陷阱究竟為何。

狀態更新陷阱

所謂的狀態更新陷阱，是指一對一會議的定位極度著重在短期戰略，聚焦於各個專案的進度和時程。在這種情況下，就會很難建立融洽的關係和信任感。事實上，對話若沒有論及成長和發展方面的議題，很可能會在無意間使直屬部屬不願再投入，因為這些議題顯然對他們的整體員工體驗來說很重要。更廣泛地說，你將無法實現一對一會議所有的潛力。

華納兄弟的某位主管說過以下這段很棒的話，確實點出這個議題：「沒錯，一對一會議應該談到戰略，但你真正希望談的是策略。也就是說，不應該只是洋洋灑灑列出我正在進行的項目，因為這透過其他機制就能做到。你真正希望得到的是深度與連結。一對一會議的內容必須遠遠超過單純的狀態更新，重點在於創造深刻的連結和融洽感，同時討論與工作任務無關的話題，如發展、策略計畫和保持同步的一致性。」

防範狀態更新陷阱的策略

雖然我們很容易落入狀態更新的陷阱，但肯定也有預防方法。我在接下來的段落中將提供三種方法，可設計出內容平衡的一對一會議，以避免掉入這個陷阱。

策略 1：專屬時間法

避免狀態更新陷阱的方法之一，就是每一場會議都確實分配 5 到 15 分鐘來討論與戰略無關、偏向未來導向的話題，像是問問部屬有關職涯規劃目標或發展機會的問題。這些專屬時間可以列為一對一會議議程的「未來」部分。

一對一會議日期	討論短期議題的時間比例	討論長期及未來議題的時間比例
1月2日	70%	30%
1月9日	70%	30%
1月16日	70%	30%
1月23日	70%	30%
1月30日	70%	30%

你可以來回更替不同的長遠議題。要做到這點，你可以試著草擬接下來幾次（例如四次）一對一會議的「未來」議題時段，並把計畫分享給團隊成員。這雖然只是臨時計畫，而且肯定會再更改，但卻可以確保這些會議長時間下來能夠涵蓋各式各樣的話題。

使用這個方法，一對一會議也比較難落入容易預測或了無新意的模式。這並不是說，一對一會議不能偶爾重複或重新帶到相同的主題，只是我希望長時間下來，一對一會議涵蓋的主題和問題可以更完整全面。

策略 2：專屬會議法

第二個策略是根據開會節奏而定，你可以大約每召開四次會議，就拿其中一次來討論長期性的話題。另外，長期性的主題也要定期替換。這個方法可以提升長期性話題的討論，並確保你們會談到所有長期性主題，像是下表這樣：

一對一會議日期	討論短期議題的時間比例	討論長期及未來議題的時間比例
1月2日	90%	10%
1月9日	90%	10%
1月16日	90%	10%
1月23日	10%	90%
1月30日	90%	10%

策略 3：範本法

可以考慮使用涵蓋短期和長期內容的正式會議範本。範本可提供架構，確保會議主題平衡且全面。我在本書〈準備篇〉的工具箱附上樣本範例，提供你使用和自行修改。據我所知，沒有任何研究檢視過使用會議範本對一對一會議品質的影響。且根據我所做的調查，範本的使用率並不高，可能是因為範本帶有太多架構限制。

然而，這是值得考慮的，而且顯然有助於涵蓋各種主題，在不同人身上或長時間下來都可以維持一致性。不過，在我的

訪談過程中，倒是出現一種運用範本的做法，讓我覺得很有意思：草擬好範本後，主管在會前寄給每一位部屬，請他們自行修改範本，以符合他們在之後的一對一會議可能出現的需求。

範本也會製作成共享的 Google 文件（每位部屬一份）。如此一來，雙方都能在會議之間進行和查看任何非同步的更動。這份共享文件也可以做為行動項目的待辦清單和會議記錄。

總而言之，要留意狀態更新陷阱。試試不同的技巧來躲避這個陷阱，如此你和部屬才能充分利用一對一會議，並從中獲得最大的價值。

應該把追蹤指標當作議程的一部分嗎？

績效、生產力、顧客滿意度、產品出錯率等指標可以在一對一會議中進行追蹤，做為議程項目之一。但是，在我的研究中，並未發現指標追蹤能夠讓人對一對一會議的成效有更正向的感受。

不過，我確實問過主管和部屬：「你認為在一對一會議的時候追蹤指標是好的做法嗎？」有約 40% 的人給予肯定；其餘約 60% 的人則不這麼認為。下頁圖表將列出兩方所給予的評論：

回答肯定的人（40%）：	回答否定的人（60%）：
追蹤指標可以消除模糊地帶，並讓我們為未來的行動做好準備。	指標可以透過技術追蹤，沒有必要在一對一會議做這件事，只會浪費寶貴的時間。
追蹤指標或里程碑可讓雙方的期待保持一致。	這是在試圖量化那些往往難以量化的東西，或者沒有把重要的脈絡納入考量。此外，這也會令員工陷入尷尬，強化有害的權力動態。另外，我對這些指標產生的影響不像組織以為的那麼大。
不管事情進行得比預期好或壞，都能減少意料之外的狀況。	還有其他機制能做到這件事。但我可以接受利用一對一會議探討指標背後的原因，尤其是如果我需要有人指導我如何改善的話。
我需要得到實際的檢驗。我是否履行我的承諾？我不想知道自己多努力或是出現什麼情況影響指標，我只想知道不管出現什麼情況，我是不是都有達到期望——那才是我增添的價值。	指標著重的主要是與公司收益產出有關的東西，公司集體追蹤的話很好，但是單獨追蹤則會感覺像是微觀管理。此外，這些通常會忽視「軟實力」這種難以透過指標衡量的影響因素。
被衡量的事物才能得到妥善管理。獲得評估的事物才能正確完成。上司重視的事物，就是我關注的重點。	這讓會議變得太充滿戰略性，較不著重在成長及發展。

接下來，我要再分享一個與指標有關的有趣資料。當受訪者被問到：「你認為一對一會議應該多久檢驗指標一次？」右圖是他們的回答：

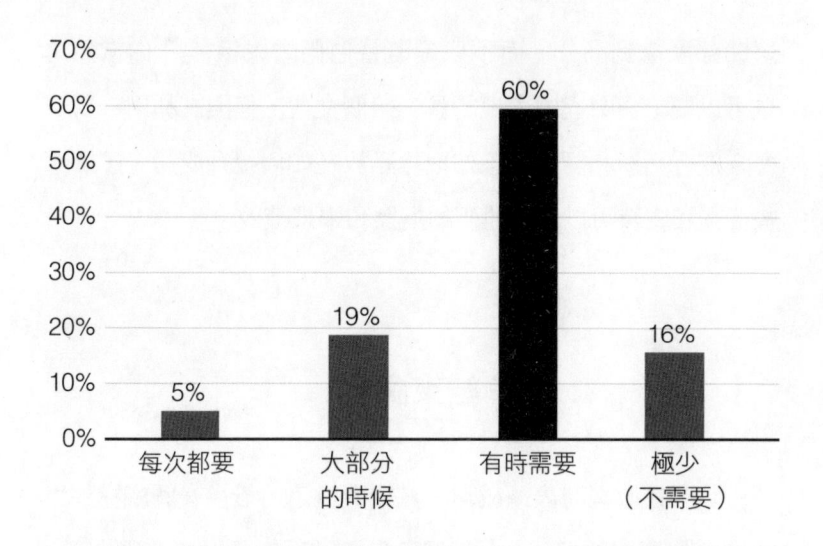

每次都要	大部分的時候	有時需要	極少（不需要）
5%	19%	60%	16%

　　我從上述這些資料得出的結論是，假如指標與職位（例如銷售職位）相符，則可以偶爾在一對一會議追蹤，但不能每一次都追蹤。追蹤指標有時能夠帶來啟發和用處，卻不是召開一對一會議的目的。最重要的是，了解指標背後的成因才是關鍵所在。這接著就會引出關於如何運用指標取得成功、阻礙成功的事物，以及成功所需的支持等議題，而這些才是一對一會議真正應該討論的內容。

　　此外，別忘了在給予回饋時，應該要認可對方付出的努力，而非只看重結果，畢竟指標往往會受到整個組織和環境所影響，而不僅是單一團隊成員的直接表現。

　　無論如何，請記住肯・布蘭查（Ken Blanchard）和加里・里奇（Garry Ridge）的至理名言：「身為主管的你，職責是要

幫助部屬拿到高分,而不只是監督他們的成績。」[1] 你當然還是可以要求沒有盡力表現的員工給個交代,但與其利用一對一會議進行判斷和評估,不如把焦點放在如何提升成功,了解哪些行動和支持可以改善他們的指標和未來績效。

結束議程

除了在收尾時表達感謝、賞識與肯定,最後一個議程項目應該做個扼要的概述:「我們各自要進行的下一步有哪些?」清楚說明對每一個行動項目的期望和個別的截止期限。針對這點,本書稍後會再詳述。

關於會議議程的十個重點

1. **嘗試不同的議程方法**
   看看哪一種最適合你和團隊成員。這沒有單一的標準答案。尋求回饋,才能做到最好,畢竟回饋可能隨著時間改變。

2. **根據不同的部屬調整議程方法**
   沒有必要對所有的直屬部屬都採取相同的議程方法。不

同的人需要從你那裡獲得的東西可能不同。和每一位部屬聊聊，找出最適合他們的議程擬定方式。記住，議程可以很不正式，沒有關係。

3. **根據其他一對一會議調整議程**

   有些組織會要求主管每一季與團隊成員會面一次，以討論績效評估和職涯發展的相關內容。若是如此，便不大需要將這些主題納入你的日常一對一會議。但是為了推動更全面的工作發展，這些主題應該還是要適度出現。

4. **聚焦在部屬身上**

   避免有太多你自己的議程主題，這樣會佔用屬於團隊成員的時間和焦點。

5. **將過去和現在的議程串連起來**

   要小心別讓會議之間缺乏一致性及連續性。在擬定議程時，請參考之前的議程。在必要之處重複內容以強化重點，但要確保添加新內容以開闢新路徑和契機。

6. **做會後筆記**

   會議一結束，就儘快記錄下一次會議的點子，像是因為時間不夠而沒有討論到的項目，或要進行後續追蹤的項目等。這些在會後記得最清楚，也是準備下次一對一會議最佳方式。這些筆記可以讓一對一會議具有延續性，並產生前進的動力。

7. 適可而止

這本書提到很多可以用在一對一會議的絕妙問題,但請不要連環砲似地問一大堆,否則可能難以發展良好的深度對話。

8. 保有彈性

你必須創造空間,讓部屬能夠更自然地引導會議期間的對話內容。換句話說,要事先規劃,但也要保有彈性。不要太過一板一眼,跳脫原本的計畫也沒關係。別為了一定要討論到所有的議程項目而擔心,只要確保討論最優先的項目,其餘的可以留待之後的會議。

9. 根據會議頻率進行調整

一對一會議召開的頻率愈低,就愈需要架構。也就是說,假如你平常與部屬不常聯繫,當真正進行一對一會議時,請務必涵蓋範圍廣泛且意圖明確的重要議題。

10. 注重部屬需求

假如部屬聚焦在某一個議程項目,滔滔不絕,請不要中斷,因為這顯然是他們很在意的事。若有必要,你可以透過其他機制來討論你的議程項目。

> **本章重點筆記**

- **議程可以帶來成效：**

  一對一會議需不需要擬定議程，是一個意見分歧的問題，但是研究數據支持使用議程。擬定議程（無論是在會前或會議開始之初）儘管會花一點時間，卻能提升一對一會議的成效和價值。

- **部屬必須要為議程獻上一己之力：**

  議程可以提升一對一會議的成效和價值，但前提是部屬也必須參與擬定。身為主管的你，不要自行完成議程，而是交由部屬草擬，或者兩個人一起擬定。這樣可以確保你們在會議上想討論的內容一致，也能更聚焦在部屬的成就和需求——這才是這些會議的主要目的。

- **主管最推薦的兩種議程擬定模型：**

  「清單法」指的是你和部屬各自寫下討論主題的清單，接著比較清單上的項目，並擬訂最後的議程；「核心問題法」則是由主管先準備一份問題清單給部屬，這些問題足夠廣泛，可讓部屬控制會議內容。無論你採取哪一種方式，請務必在會議的開頭和結尾培養融洽感，並打造心理安全感，彼此才能充分投入。

- 避免狀態更新陷阱：

 如果你把一對一會議的焦點放在非常戰略性的短期主題，每次會議都要部屬報告工作近況，則你便已落入這種陷阱。要避開這種陷阱，你可以將每次一對一會議的其中一部分，或某幾次會議的全部時間全用來討論未來導向的話題，又或是利用範本將這些主題融入議程。

- （有時）追蹤指標：

 指標可以讓你和部屬知道部屬表現得如何。然而，你們可以不要每一次會議都在追蹤指標，因為這會喪失一對一會議的精神，且令人感覺受到微觀管理。

 資料顯示，如果指標與部屬的職位相符，且是部屬能夠掌控的，那麼偶爾在一對一會議期間追蹤即可。請記得，重點在於探究指標背後的成因，因為這會將對話導向取得成功的方法、阻礙成功的事物，以及成功所需的支持等議題。

準備篇工具箱

六個協助你準備一對一會議的工具：

1. 會議技巧評估測驗
2. 開會節奏評估測驗
3. 一對一會議問題中的常見錯誤
4. 遠距會議的特殊問題
5. 議程範本 1
6. 議程範本 2

―― 工具 1 ――

會議技巧評估測驗

這個工具可用來評估你的一對一會議技巧。請在思索每一個問題之後，誠實作答。建議你定期進行這個測驗，以便記錄一對一會議技巧的進步情形。

測驗說明：請回想你在過去六個月到一年之間進行的所有一對一會議，接著針對每一個問題，回答你做了這個行動／行為的時間百分比。在作答時，請想想直屬部屬會如何回應，這樣答案會比較誠實。

測驗項目：針對一對一會議，你有多常……

1. 事先排定反覆召開一對一會議的時間？
2. 擬定某種形式的一對一會議議程？
3. 讓部屬參與擬定議程？
4. 在下次一對一會議之前回顧前一次會議的筆記？

5. 迅速重新安排被取消的一對一會議？
6. 以正面積極的方式展開一對一會議？
7. 準時出現？
8. 從部屬提供的主題開始討論？
9. 短暫重述前一次一對一會議的行動項目？
10. 在會議期間積極聆聽部屬說話？
11. 試著複述部屬說的話？
12. 在會議期間說的話比部屬少？
13. 提出強大且有意義的問題？
14. 順應部屬想要談論的內容？
15. 在會議期間完全專注？
16. 談論與工作無關的話題？
17. 關心部屬的身心健康？
18. 提供資源／協助來解決阻礙？
19. 在一對一會議期間做筆記？
20. 討論狀況更新之外的話題（如長期主題）？
21. 準時結束？
22. 以行動項目作結？
23. 謝謝部屬付出的時間和努力？
24. 總結討論的內容？
25. 在完成一對一會議的筆記後馬上分享？
26. 分享會後的行動項目大綱給部屬？

27. 請部屬提出一對一會議的回饋？

28. 追蹤你所承諾的行動項目？

29. 追蹤部屬的行動項目？

得分和意義：在此測驗中，請圈出每行等於或大於 85% 的所有數值。接著，計算你圈出幾個，並把得到的數字寫在最下面一行，這就是你的分數。

如果你圈了……

- 26–29 個（很棒）：做得很好！請繼續維持你的好習慣，並根據從本書中學到的知識嘗試一些新技巧／點子。
- 20–25 個（有進步空間）：你的一對一會議技巧基礎很穩，但也很明顯有更加進步的空間。
- 不到 20 個（有很大的進步空間）：你會從這本書獲得很多指導，把分數變成 29！

工具 2

開會節奏評估測驗

為每一位部屬完成這個測驗，以找出最適合每一位的節奏。測驗時，請圈選你認為最符合這位部屬的答案。

類別	問題
遠距 vs. 實體	你的部屬： (0) 大部分的時候都在公司 (1) 在公司和不在公司的時間各佔一半 (2) 大部分的時候都不在公司
部屬喜好	部屬是否想要會面： (0) 不確定／不怎麼想會面 (1) 有時 (2) 經常
部屬資歷	部屬在這個職位的： (0) 資歷豐富 (1) 有些資歷 (2) 資歷頗少
部屬任期	部屬在組織任職的時間： (0) 五年以上 (1) 二到四年 (2) 不到一年

類別	問題
主管任期	你管理部屬的時間： (0) 兩年以上 (1) 六個月到兩年 (2) 不到六個月
團隊規模	團隊規模： (0) 很大（超過十名部屬） (1) 中等（五到九名部屬） (2) 很小（一到四名部屬）
每週員工會議	你們有每週員工會議嗎： (0) 有 (1) 沒有
使用其他工具	你使用非同步的專案管理工具和應用程式（如 Google 文件）來監測和處理任何進度和困難： (0) 經常 (1) 有時 (2) 很少
總分：	

得分和意義：請將測驗的分數加總，接著根據下面的溫度計量表找出這位部屬的建議開會節奏。請務必與你的部屬討論，看看這樣的節奏是否合適，並定期重新評估。不確定時，請以較頻繁的節奏為主。

每月 （0-5 分）	隔週 （6-10 分）	每週 （11-15 分）

工具 3

一對一會議問題的常見錯誤

運用這個工具,以熟悉哪些類型的問題不該在一對一會議提出。

常見問題錯誤	範例	是否問過?
太探究細節	能不能請你仔細告訴我,你這個星期做的每一件事?	
太私人	我很好奇,你會上教會嗎?	
聊他人八卦	你有沒有聽說〔某某員工〕上個星期做了什麼?	
抱怨發牢騷	我們的執行長真是亂七八糟,你喜歡他嗎?	
只注重你的工作	我們能不能先談談我的銷售簡報需要什麼協助?	
過度談論團隊的其他成員	你認為每個同事在工作中的表現如何?	

工具 4

遠距會議的特殊問題

這個工具針對遠距員工提供了相關的一對一會議問題。

詢問遠距部屬的問題	範例	是否問過？
遠距工作轉換期	轉換成遠距工作還適應嗎？在新的環境中，有沒有需要什麼以幫助你取得成功？	
工作與生活平衡	遠距工作的同時，是否有辦法設立工作與生活之間的界線？	
遠距工作的好處	遠距工作最棒的地方是？	
遠距工作的挑戰	遠距工作最具挑戰的地方是？我們要如何解決？	
所需的額外支持	你的遠距工作環境有沒有設置成最佳狀態？如果沒有，可以怎麼改善？你得到你需要的支持了嗎？如果沒有，我們可以做些什麼來改善？	

詢問遠距部屬的問題	範例	是否問過？
與團隊的聯繫	遠距工作讓你感覺跟團隊有聯繫嗎？基於遠距工作的緣故，有沒有哪一個團隊成員你不熟識，想要我替你們接線的？	
融入團隊	團隊是否可以做出什麼改變，讓身為遠距員工的你感覺更像團隊的一份子？	
參與團隊	你覺得身為遠距員工的你在與團隊共事時，能不能說出自己的意見或想法？	
職涯發展	身為遠距員工，你有足夠的機會發展職涯嗎？團隊或組織有沒有什麼你想要多了解，但因為身為遠距員工而無法接觸到的領域？	

工具4 遠距會議的特殊問題

工具 5

議程範本 1

這裡提供了可能的議程範本之一,你當然可以使用任何你認為合適的範本／議程,但這是個可以嘗試的起點。如果你採用這個方法,則這個範本可以印成書面紙本或做為電腦文件使用。

部屬名字:		
日期與時間:		
重要目標與專案	當前進度	預期成果與截止日期
根據優先順序列出重要的目標／專案	寫下目標／專案目前的進度和可能需要的協助	寫下需要留意的截止日期,讓部屬保持進度

主題	筆記
開場	寫下成就、認可和亮點，給一對一會議一個好的開頭。
回顧前次一對一會議的行動項目	記錄前一次一對一會議行動項目的討論重點和需要追蹤的進度。不需要追蹤的話可以留白。
今天一對一會議的重點優先事項	列出你和部屬在這場會議中最優先需要討論的事物。

部屬議程項目	筆記
根據優先順序列出部屬的議程項目。	在一對一會議期間寫下相關筆記。

主管議程項目	筆記
根據優先順序列出主管的議程項目。（時間允許的話）	在會議期間寫下相關筆記。

長期主題（每月一次）	筆記
記錄需要討論的長期主題，如職涯規劃、發展機會和訓練指導。	在會議期間寫下相關筆記。

重點行動項目與下一步	
主管 列出你負責的重點行動項目	部屬 列出部屬負責的重點行動項目

工具 6

議程範本 2

以下內容提供了一些額外的選項，可以根據需要添加到你的一對一會議範本／議程中。

補充主題	筆記
身心健康評分	在會議開始之初，以一到十分讓部屬對工作生活的感受進行評分，接著簡短討論。你也可以針對其他主題進行評分，例如是否感覺自己在增加價值。
消除主管盲點	筆記
部屬分享自己在工作或生活上想讓你知道的事情；這些事情你可能不知道，但是為了好好支持他們，你需要知道。	在會議期間寫下相關筆記。
指標追蹤	筆記
不時回顧部屬的關鍵指標，例如績效表現。	在會議期間寫下相關筆記。

給予主管的回饋	筆記
讓部屬與你分享對任何事情的回饋，包括一對一會議進行得好不好。	在會議期間寫下相關筆記。

監測／配適／支持	筆記
重要目標與專案	根據優先順序列出重要的目標／專案。
當前進度	寫下目標／專案目前的進度和可能需要的協助。
預期成果與截止日期	寫下需要留意的截止日期，讓部屬保持進度。

一對一會議是個非常棒的契機,能讓你透過真誠有意義的對話與團隊建立融洽關係。這是強化信任感的關鍵,而信任感是團隊成功的根本。有了信任感,團隊就能達到新的高度,足以度過充滿挑戰的艱困時期。

——國際香料香精公司
（International Flavors & Fragrances）主管

當我們接受現代工作的必然性時,具建設性的一對一互動變得愈來愈重要,這是一個組織展現包容性和高績效的基石。任何草率看待一對一會議的主管,必會削弱增進表現和成效的能力。

——萬豪酒店主管

執行篇

在這個部分,我會提出一個通用的模型,分享該如何執行一對一會議,才能同時滿足部屬的個人與實務需求。

你會學到從頭到尾執行一場有成效的一對一會議需要哪些步驟。

儘管領導者在一對一會議期間扮演關鍵的引導角色,但部屬也不只是被動接受一切。部屬也會發揮重要的一對一會議職責,讓整體經驗產生最大的正面價值和影響。

—— 第 8 章 ——

會議的基本結構

在哈利波特的世界裡,如果希望一件事情成功,你可以調配福來福喜魔藥(Felix Felicix,又名幸運水)。要調配這款魔藥,你必須小心翼翼完成製造過程,使用的材料包括火灰蛇蛋、海蔥球莖、海葵鼠觸手、百里香酊劑、兩腳蛇蛋殼,以及芸香粉。接著,以特定方式揮舞你的魔杖,熬煮配方一段時間,魔藥就完成了,之後你做任何事都一定會成功。

很遺憾的是,在一對一會議的世界裡,並沒有什麼保證成功的配方或魔法程序。然而,有件事我們可以肯定。不管依循哪一種方式,身為主管的你必須扮演的是協調和促進的角色,而不是主導者(更不是催狂魔)。

事實上,我在我的研究中發現,最能夠預測一對一會議價值高低的因子是直屬部屬積極參與的程度,方式是計算部屬在會議中說話的時間,與主管做比較。

部屬說話的時間如果佔 50% 到 90%,似乎是最理想的平衡點。雖然議程可以發揮一些左右的力量,但主管還是應該盡量避免話說得比直屬部屬還多。這沒有想像中容易,因為研究

顯示，談論自己時觸發的大腦區域，就跟性愛和美食一樣；換句話說，我們會談論自己，是因為那種感覺很棒。但請務必抵抗誘惑。將這份禮物送給部屬，身為主管的你就能把心力用來引導一場很棒的會議，並認真投入部屬所分享的事物中。

讓我來分享這場會議大概會是什麼樣子。請注意，本章只是在描繪一對一會議的方法，目標是要使你先了解會議過程的梗概，讓你看見整體的樣貌。接著，第二部分的其他章節會拆解所有的要素，並提供你成功所需的細節。我希望較廣的視角有助於為接下來的章節提供脈絡。

整合性的一對一會議流程

本書描述的一對一會議模型整合了許多相關文獻所提出的觀點和方法，包括溝通、教練、引導、指導、會議與協商等領域。要理解這個模型，應該先知道這個模型的最終目標，以及它的設計目的為何。

關於這一點，我要特別感謝泰西‧白漢姆博士（Dr. Tacy Byham）卓越的研究。[1] 她的研究非常出色地點出，在成功的一對一會議過程中需要滿足的兩種需求。也就是說，優秀的一對一會議流程要同時處理部屬的實務和個人需求。

實務需求的本質較偏向戰略性，確切來說可能會有很大的

差異,但最終都與提升工作、職涯、企劃專案、建立一致性和確定優先順序有關。個人需求則是指團隊成員對於一對一會議的感受,即感覺被信任、被尊重、被包容等等需求。下圖舉例說明這兩種需求:

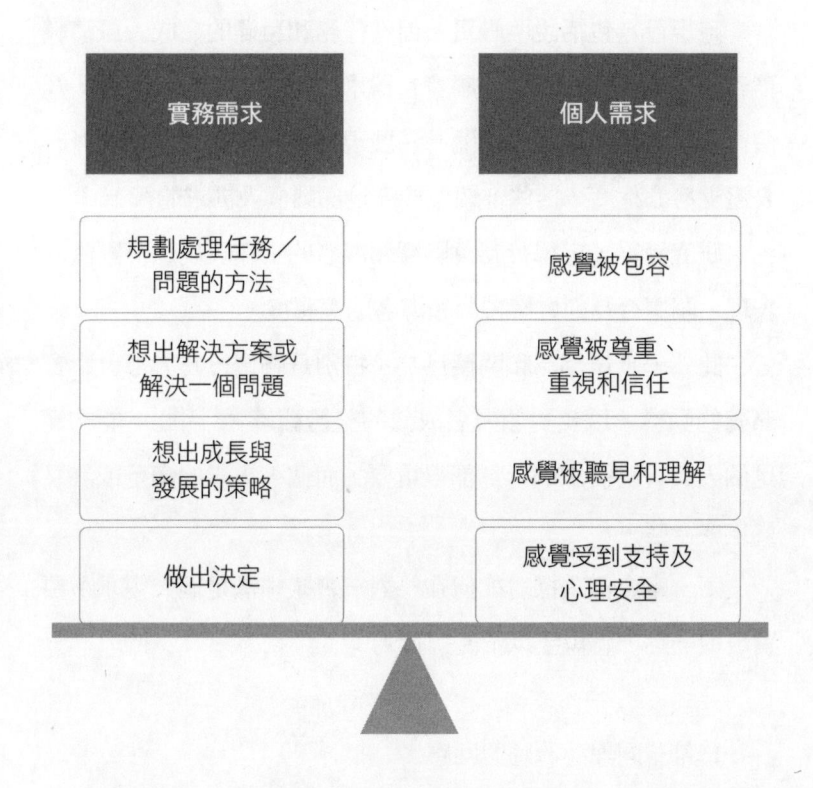

實務需求	個人需求
規劃處理任務／問題的方法	感覺被包容
想出解決方案或解決一個問題	感覺被尊重、重視和信任
想出成長與發展的策略	感覺被聽見和理解
做出決定	感覺受到支持及心理安全

理想的一對一會議流程會平衡這兩種需求。滿足實務需求但卻沒有滿足個人需求,會破壞平衡,最終導致損失。這就好比得到一個很棒的產品,服務卻很差勁。同樣地,滿足了個人需求,實務需求卻沒有滿足,也是一種損失。就像是得到很棒

第 8 章 會議的基本結構

的服務，但產品本身卻很糟。你可能會問，滿足其中一個需求是不是比滿足另一個需求更重要？我們可以從領導力的相關文獻找到可能的答案。研究廣泛檢視了兩種概括性的領導者行為，亦即定規行為（任務導向）和關懷行為（關係導向）。

定規行為包括說明職責、促進任務和目標的完成、釐清職務和工作等。這與滿足部屬實務需求的行為差不多。反之，關懷行為指的是領導者表達關心、展現尊重，以及對部屬的身心表達支持的程度，這些全類似於滿足部屬個人需求的行為。

研究發現，定規行為會影響領導者的工作表現以及團體的表現，關懷行為則會影響對領導者的滿意度。

此外，定規行為和關懷行為（特別是關懷行為）都會影響部屬的動機，以及對領導者成效的整體觀感。[2] 因此，能夠滿足個人與實務需求的行為都很重要，而個人需求的滿足或許又更重要一些。

下一章會深入探討如何在一對一會議中滿足個人需求。要實現這一點，將需要以下關鍵行為：

1. 帶著同理心聆聽與回應
2. 真誠開放地溝通
3. 適時讓部屬參與
4. 和善並表達支持
5. 適當展現脆弱

這些行為全都說明了一對一會議操作步驟背後的流程和方法。若使用前面提過的類比，這些行為就像顧客得到的「服務」，而非產品或結果本身。接下來要說的是操作步驟，這些步驟就像房子的骨架，是一對一會議的架構。第 10 章會深入討論這些步驟，以下僅先列出關鍵組成部分：

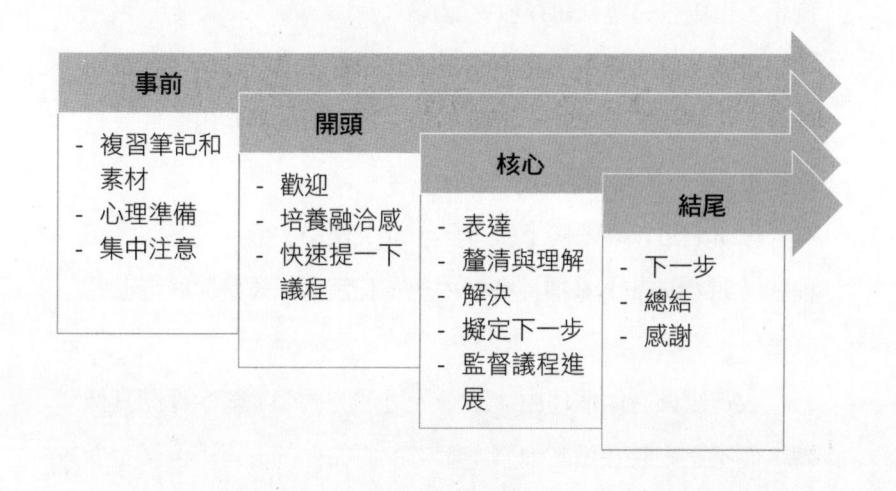

事前
- 複習筆記和素材
- 心理準備
- 集中注意

開頭
- 歡迎
- 培養融洽感
- 快速提一下議程

核心
- 表達
- 釐清與理解
- 解決
- 擬定下一步
- 監督議程進展

結尾
- 下一步
- 總結
- 感謝

會議筆記

一對一會議模型的最後一個要素是雙方的筆記。筆記記錄了關鍵的要點和行動、對話的精髓，以及一對一會議討論的主題；筆記會寫下發展的機會和績效的疑慮；筆記可記錄你私底下對某些主題的想法和觀察。在會議期間做筆記，有助於大幅降低忘記或遺漏重要事項的可能性。隨著時間過去，筆記也可

以讓你察覺或追蹤主題、疑慮和問題的變化。筆記可以幫助你整理雙方同意採取的行動。

除此之外，準備一對一會議的關鍵之一就是回顧過往的筆記。因此若沒有好的筆記，便會阻礙下一次會議的準備。最後，研究顯示，當人在做筆記時，大腦會更容易整理所聽見的資訊，也更容易將資訊存放在記憶中。

話雖如此，你也不必拚命做筆記，否則你有可能在會議期間分心，無法完全專注。目標不是記錄所有的對話內容，而是捕捉重點、行動和亮點。

你當然可以在電腦上做筆記，或是使用手機、電腦的應用程式（如 Otter.ai）來捕捉會議內容，但我個人還是偏好老派的紙筆。

我這麼做有兩個理由：第一，這個方式明顯表示你認真傾聽，而不是同時在做其他事；第二，假如你的一對一會議是面對面的，你和部屬之間不會隔著筆電或電腦螢幕，如此可以提高個人的存在感。

順道一提，如果你喜歡電子檔，有些人會選擇在會議尾聲把手寫筆記全部打出來，這樣所有的筆記都能更容易歸檔、整理和分享。

綜上所述，接下來幾章會探討的一對一會議通用模型如右所示：

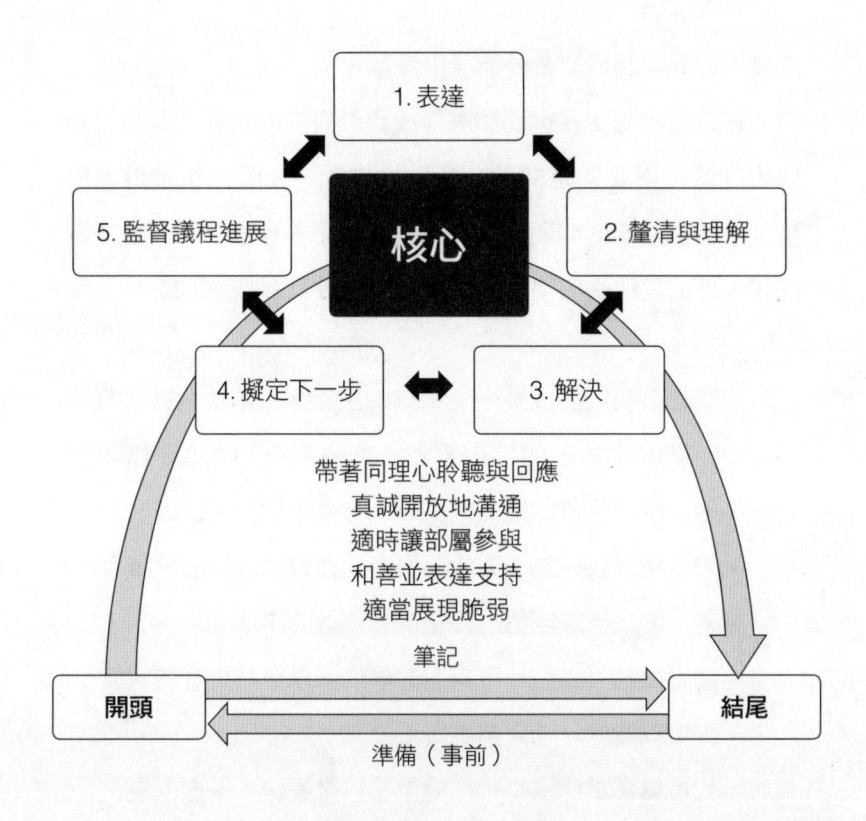

```
                    1. 表達
                      ↑↓
    5. 監督議程進展  ← 核心 →  2. 釐清與理解
                      ↑↓
         4. 擬定下一步 ↔ 3. 解決
```

帶著同理心聆聽與回應
真誠開放地溝通
適時讓部屬參與
和善並表達支持
適當展現脆弱
筆記

開頭 ——————————→ 結尾
     ←——————————
       準備（事前）

選擇性的額外步驟

有一個選擇性的額外步驟可以定期加進一對一會議的程序，發生在會議的結尾之前：主管尋求回饋。這個步驟的性質非常不一樣，所以應該特別拿出來談。這是在一對一會議的流程中專為領導者所設計的步驟，從很多方面來看似乎有違一對一會議的整體宗旨。然而，如果你能透過回饋做出正面積極的

第 8 章 會議的基本結構　　135

改變,你的部屬最終還是能從中受益。

在這個步驟中,你要請團隊成員針對你的管理行為和行動做出回饋。不要只是問「身為你的主管,你覺得我做得怎麼樣?」這種籠統的問題。讓我重提我在第 6 章分享的一些明確問題,外加其他幾個問題,以協助你獲得有意義的回饋:

- 我想盡我所能成為一名很棒的主管,不曉得我在(寫下不同的主題,如工作委派、會議主持、溝通、團隊動態、確定事情的優先順序等)方面可以如何改進?
- 如要指導我成為優秀的領導者,你會給我什麼建議?
- 有什麼我應該開始、停止或繼續做的事情?
- 你覺得我可以做什麼特定的事情,以成為更好的主管?
- 我可以做些什麼來讓團隊更團結?
- 我可以嘗試什麼不一樣的做法,來解決〔某個問題〕?
- 和團隊進行溝通時,我可以嘗試什麼不一樣的做法?

請記住,要部屬給予上級回饋並不容易,就算你鼓勵他們這麼做也一樣。因此,在部屬給予回饋後,請務必馬上強化和獎勵他們。在鼓勵他們給予回饋,並消化他們所說的話之後,要感謝他們對你敞開心胸。如果你想持續獲得回饋,就一定要獎勵這個行為。你不必總是在當下對他們的回饋做出回應;你可以謝謝他們坦率直言,並在事後進行反思。

再來，如果情況適用，你要表現出你確實聽取他們的意見，且正在做出必要的改變，即便只是微小的改變。第 12 和 13 章會談到更多行為改變的做法。然而，這指的是如果你也認同回饋的話。

那麼，這就帶到另一個問題：假如你不認同部屬的回饋呢？你還是要謝謝團隊成員勇敢分享自己的想法。讓他們知道你會思索他們的評語，接著尋找他們的評語中是否有你能夠認可的合理部分。

接下來，若有需要，可試著安排一場後續會議，用以討論彼此意見不一致的地方，並說明你為什麼無法針對他們所有或部分的回饋做出行動。這整個過程有一個關鍵，那就是你絕對、絕對、絕對不能懲罰部屬。事實上，你應該做相反的舉動，那就是對他們表達衷心的感謝。

我想補充一點，假如你懷疑部屬不願意提供回饋（考慮到你們之間的權力動態，這非常合理），可以試試第 11 章討論的前饋技巧。

前饋（Feedforward）是馬歇爾・葛史密斯提出的概念，亦即把注意力放在未來的行為，而非過去的錯誤。運用前饋技巧，部屬會比較容易分享自己的意見。

基本上，這個方法要求你給自己設定一個發展目標，例如把指派工作這個職責做得更好。接著，你要詢問部屬，領導者該怎麼樣才能做好指派工作這件事。如此一來，前饋不會帶有

任何批判意味，且將焦點放在未來，同時減輕部屬的壓力，因為對話沒有討論到實際上有問題的觀察或行為。

到頭來，尋求回饋可以展現你想成為更好的領導者，以及期望自己有所成長的決心。知道你願意了解自己的潛在成長和改進空間，這會讓別人更願意給予回饋，也可能讓你更容易在需要時提出回饋。

曾有研究調查 51,896 名領導者，發現會尋求回饋的領導者被認為比不尋求回饋的領導者更為強大。[3] 儘管一對一會議的焦點應放在部屬，但這是個很好的例子，說明一對一會議其實也可以讓你變得更好。

> **本章重點筆記**

- **實務 vs. 個人需求：**

  實務需求偏向戰略性，強調部屬要如何成功完成工作、推展職涯；個人需求則與人際關係有關，強調部屬在一對一會議期間及之後的感受，像是感覺被包容、聆聽、重視、尊重、支持、信任等。

  一對一會議若要有成效，兩種需求都得獲得滿足，關鍵在於如何在會議中平衡兩者。

- **整合性模型：**

  雖然要執行一場有效的一對一會議並沒有什麼神祕公式，但的確有通用的模型可以依循。這個模型共分成事前、開頭、核心和結尾四個階段，後面幾章會談到更多。這個模型的架構（以及先前討論過，適合在會議中提出的問題）可解決部屬的實務需求。

  在每一個步驟，主管還必須做到五種重要的關係行為（如「帶著同理心聆聽與回應」），才能滿足部屬的個人需求。結合兩者的整合性模型可以使一對一會議產生很好的效果。

- **做筆記有幫助：**

  在一對一會議期間做筆記可以促成問責和紀錄，從而提高會議的成效。這麼做可以使你更容易整理會議的討論

內容，你也比較不會有所遺漏。

筆記也能讓你方便追蹤行動項目，或是觸及沒有討論過的主題。持續一直做筆記，可讓一對一會議具有延續性，產生前進的動力。

- **尋求回饋：**

雖然這個步驟並非必須，但是定期向部屬尋求回饋，可以進一步提升一對一會議的價值。這也傳遞出一個強烈的訊息，那就是你想盡力成為最好的主管。

如果你決定尋求回饋，請務必做到仔細聆聽、帶著感激之情回應，並說明你會做出哪些改變（或者你無法做出哪些改變，原因又是什麼）。

第 9 章

如何滿足個人需求

就在不久之前，童工還會在工廠裡工作很長的時間；要勞工置身在有毒或不安全的環境還是合法的事；你還可以因為員工懷孕或有殘疾而予以解雇。事實上，不過一百年前，如果你有在公司設立人資部門的想法，肯定會遭到很大的質疑。

今日我們普遍認為，提升人們在職場的處境不僅是對的做法，還是商業上的必要條件——我們知道，員工對工作和雇主的感受會影響他們的顧客服務、生產力、對他人的協助、職場安全、團隊合作、創新和留任，甚至關係到組織的盈虧。

比方說，員工回報的心理安全程度如果較高（即相信自己可以說出內心想法和參與工作內容，而不必擔心遭到羞辱或懲罰），則他們的公司在財務方面的表現，會比員工心理安全程度較低的公司還要好。[1]

雖然員工對工作和組織的感受、情感和態度會受到許多不同的因素所左右，但是一對一會議扮演了十分重要的角色，因為這些會議的焦點就是要滿足部屬的實務需求。但與本章關聯密切的是，一對一會議也能解決團隊成員的個人需求，也就是

被尊重和包容的感受。

為了明白滿足個人需求最好的方式為何,我首先調查了部屬和主管對這個主題的想法。接著,我查閱學界發表過的相關研究。例如,一項研究發現,感覺領導者確實聽取自己說的話,會帶來較大的心理安全感。[2]

綜合我的調查結果與這項研究,我發現提升個人需求滿足的五大行為類型,這些類型互有關聯:

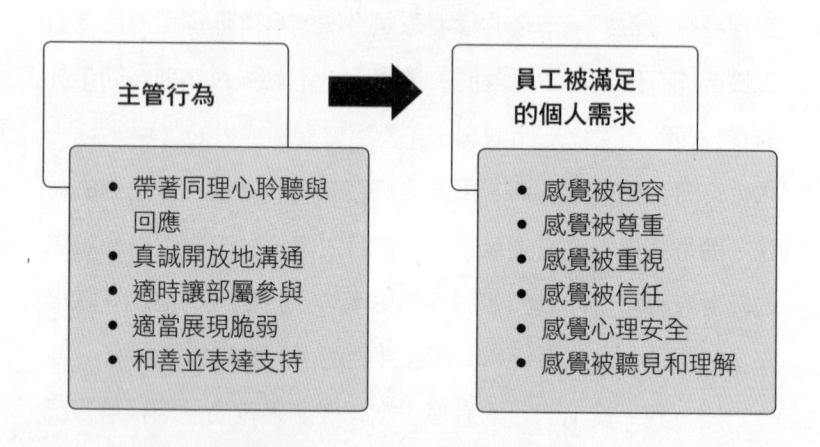

主管行為	員工被滿足的個人需求
• 帶著同理心聆聽與回應 • 真誠開放地溝通 • 適時讓部屬參與 • 適當展現脆弱 • 和善並表達支持	• 感覺被包容 • 感覺被尊重 • 感覺被重視 • 感覺被信任 • 感覺心理安全 • 感覺被聽見和理解

帶著同理心聆聽與回應

我在右方引用兩個截然不同的人分別說過的話,說明這個行為類別的本質。將聆聽與同理心結合在一起,對話品質就能夠大幅提升,並讓對方感覺被聽見、被理解,且真正被看見。先從聆聽開始說起。聆聽的目的是要全神貫注於部屬所說的

> 我們有兩隻耳朵、一張嘴,因此聆聽的份量可以比說話多一倍。
> ——愛比克泰德(Epictetus),
> 古希臘哲學家

> 把說話時的專注力用來聆聽。
> ——莉莉・湯姆琳(Lily Tomlin),
> 美國演員

話,而不只是為了回應。為了有效聆聽,我們必須消除令人分心的事物。然而,有一種令人分心的事物我們十分容易忘記,那就是內在的雜音。

研究證實,人們思考的速度比平均說話的速度要快上許多。在這種情況下,聽者的思緒很容易轉移到其他事情上。要減少這種狀況,你要將所有注意力放在對方說的話,如果思緒開始飄移,就趕快把它拉回來,重新導向當下的對話。

有幾個很棒的技巧可以展現你確實積極聆聽。第一,試著

重複對方說的話,使用類似這樣的句子:「所以你是說……」第二,問一些問題釐清對方的意思,如:「你剛剛說 X,那是什麼意思?」或「你可以協助我理解你說的 X 是什麼意思嗎?」運用這些開放式的問題來釐清狀況,可以讓你更加明白對方想要表達的內容。

此外,對方的回答很可能衍生出更多疑問,這就是聽者積極參與的重點。這個技巧的目標是要釐清對方的處境,因此一旦清楚明瞭了,就可以停止提問。

同理心的部分就比較難了。所謂的同理心,就是試圖從對方的角度看事情。也就是說,你要「設身處地」,好好理解和連結對方的感受,而不只是知道狀況的陳述。雖然你往往可以從表達時的肢體語言、語氣和音量來推測對方的情緒,但你當然還是可以問部屬一些問題(像是「你對 X 有什麼感受?」),以便更了解言論背後所蘊含的情緒。

不過,對方說話時非常有可能會流露出情緒。這時,你應該認可他們的感受,說「那聽起來真的很不容易」、「我很遺憾聽到這件事」、「那一定很艱難」、「我能明白那為什麼如此令人挫敗」等等。

展現同理心的另外一個方式,是帶著同理的語氣分享你對聽到的話的感受,像是「哇,聽見這件事令我很難過」。上述的關鍵在於真誠且開放地看待他人的「真實」,而不帶任何批評。否則團隊成員會覺得你高人一等、只是在憐憫他們。

成功理解和感受部屬說的話之後，我鼓勵你感謝對方分享他們的感受，例如：「謝謝你的分享，這對我意義重大。」你也可以提供協助（後面會談到更多），告訴對方：「我想支持你，我能怎麼做？」請記住，同理不等於同意對方所說的，重點是要展現你完全理解某個狀況和團隊成員的經驗。

真誠開放地溝通

溝通是一對一會議的精髓，而良好的溝通是滿足部屬個人需求的必要元素。這一大類行為的中心思想，就是要有效地為團隊成員提供建設性的正面回饋。換句話說，團隊成員應該要了解你的期望，並持續知道自己有什麼地方符合期望、有什麼地方需要改進。這聽起來很簡單，但要做到顯然沒那麼容易。

例如，在一項由近 900 位受試者組成的全球研究中，有 72% 的員工表示，儘管他們想要得到批判性的回饋，但他們的主管卻沒有提供。[3] 這與現有的研究文獻相符，都顯示主管避免或不願給予員工建設性的回饋。[4]

過去的研究顯示，主管不願給予建設性的回饋，是因為他們擔心此舉可能帶來不好的人際關係影響。[6] 此外，主管沒有動力費心整理有建設性的回饋——尤其是可能產生負面影響的話。[7] 然而，沒有給予回饋最常見的理由似乎是，領導者低估

了回饋能為部屬帶來的價值。[8] 因此，上述三個原因造成不給回饋的惡性循環，這個問題我們可以透過一對一會議修正。

在給予回饋之前，要先確保你在工作上的行為和行動，與你希望他人做出的行為是相符的。否則，你會傳達給部屬一個令人困惑的訊息：「照我說的去做，但不用照我做的去做。」

此外，若接收者主動要求得到回饋，在這時給予回饋，對方會最願意接受。假如對方沒有要求，你還是可以詢問部屬是否想得到關於某件事的回饋，或者你能否分享關於某件事的回饋。他們一定會說好，這個簡單的問句可以使對方更願意接受回饋、減輕毫無防備的狀況，同時為你們的對話進行鋪陳。

回饋的內容應該恰當、明確、即時、針對行為本身、描述事實，而非廣泛或帶有評價的，例如「你就是沒做好你的工作」。藉由強調明確的問題行為，部屬較能明白自己該如何改正。或者，如果是讚美的回饋，明確點出來也能鼓勵對方繼續這些行為。

你提供的回饋一定要是部屬可以控制的行為，若因為自己無法控制的行為而收到指責，會很令人沮喪，比方說處理訂單的操作系統壞了，卻要求員工處理訂單的速度加快。此外，要慎選你回饋的內容，不要聚焦在可能只是做法不同、太過刁鑽，或不是那麼重要的行為上。正如邱吉爾（Winston Churchill）所說：「完美是進步的敵人。」

最後，回饋可以是關於開始、停止或繼續的行為。我先說

> 想知道這些研究發現是否存有世代差異嗎？研究顯示，每一個採樣世代（嬰兒潮世代、X世代，以及千禧世代）的受試者都願意接受正面回饋和建設性的回饋（甚至更樂於接受建設性的回饋）。整體而言，與傳統刻板印象不同的是，年紀較長的受訪者最想得到回饋，無論是正面或建設性的回饋。[5]

說什麼是應該停止的行為，因為這部分大家可能不是那麼清楚。以下我用我真的很喜歡的，由馬歇爾・葛史密斯提出的十種可能需要停止的行為來說明：[9]

1. 贏太多：不惜代價在任何情況下都非得要贏。
2. 添加太多價值：每一次討論都極度渴望發表個人看法。
3. 提出破壞性的評語：不必要的諷刺和尖酸刻薄的評論。
4. 憤怒時開口：運用易怒的情緒獲取關注和引導他人。
5. 負面思想，或者愛說「讓我解釋為什麼這行不通」：即使沒有人想知道，還是非要分享自己的負面想法。
6. 隱瞞資訊：不願分享資訊，好維持自己的優勢。
7. 無法給予適當的認可：無法給予讚美和獎賞。
8. 邀不屬於自己的功：高估自己對任何成就的貢獻。
9. 拒絕表達懊悔：無法為自己的行為負責、承認自己錯

了,或坦承自己的行為影響到別人。

10. 推卸責任:總是責怪所有人,而不責怪自己。

給予回饋時,應該在建設性的正面回饋與建設性的負面回饋之間取得平衡。我們往往更容易看見別人出錯的時候,卻不太容易看見別人做對事情的時候。我們必須注意到別人做對事情的時候,並加以強化。給予回饋時觀點平衡一點(但是當然要真誠),部屬會感覺比較公平,也更能接受。

加州大學洛杉磯分校偉大的籃球教練約翰‧伍登(John Wooden)便非常推崇給予球員平衡的回饋。據報導,每次練習他給球員的回饋,都會採取每一則改進訊息配上三則正面訊息的比例。正面回饋不但可以強化他想更常看見的行為,還讓球員較容易接受負面回饋。我無法確定這是不是某種神奇比例,但是這個方法的精神似乎相當可信。

我想特別提到,企業評論網站 Glassdoor 曾做過一項研究,證實了讚美的價值。他們發現,53% 的受訪者表示,假如主管讚美他們的次數多一點,他們很有可能會待在這份工作更久的時間。[10]

無論是正面或負面的回饋,都要記得對事不對人。表明你想要針對什麼行為進行回饋、描述你對這個行為的感受(好或不好),最後提出後續的建議。這樣的回饋聽起來大致如下:

「我注意到某某顧客前幾天沒收到他索取的後續資料,這令我有點擔心,因為我們不希望失去這位客戶。你對這個情況有什麼看法,可以幫助我了解發生了什麼事嗎?」

對方回答後,你可以接著提出你的建議和想法。與針對行為所做出的回饋相反的,是針對個人的回饋:

「你真的做錯了,為什麼你沒有提供給顧客他們要求的資料?這實在令人無法接受。」

從上述對話很容易能看出,針對行為本身的回饋可以帶來更有意義的對話,減少對方想要辯解的心理,同時更容易促進成長。你還是一樣在要求對方負責,但對方比較不會覺得受到批判,而這就是關鍵。

順道一提,給予回饋時建議使用「我」這個主詞開頭,這會告訴對方,你的回饋只是你的意見,必定帶有主觀意識。換句話說,這代表了「你」的事實。這會允許更多對話產生,可以討論發生了什麼以及應該怎麼做,而不是表示你的回饋就是全部或唯一的事實。

你應該考量回饋帶給接收者的認知負荷。合理思索部屬可以應付什麼,而不要丟給他們一長串的改進建議,否則會令接收者感到麻痺、失去動力。要求部屬專心改變一兩種行為或許

就已足夠，尤其是關鍵行為，因為其他行為肯定會跟著受到正面轉變的影響。

待辦事項愈少，部屬進步和成功的程度通常會愈高。透過幾個關鍵行為來培養衝勁，並隨時加以強化，也可以持續帶來成功，因為部屬會更相信自己能做出改變。

最後，即時的回饋會比延遲的回饋更有影響力。在行為發生後立即強化或提供建設性回饋。延遲太久會導致細節記不清楚，以至於破壞給予回饋的努力。

比方說，你在三個星期前注意到一個有問題的顧客互動過程，但卻到現在才拿出來討論，這樣雙方都不會記得很完整，因此現在討論很可能不會有幫助。這便是頻繁的一對一會議節奏通常會帶來最多正面結果的另一個原因。

除了提供回饋之外，關於好的領導者在會議期間會如何真誠開放地與成員溝通，我還想簡單分享以下重點：

- 提供清楚的指示，並開誠布公分享資訊。
- 詢問部屬是否需要資訊，並試法提供。
- 解釋影響員工的決策背後的原因。
- 鼓勵部屬提問，如果不知道如何解答，會加倍努力尋找答案。
- 尋找溝通上的遺漏或不清楚之處，並積極加以填補。

> 假如在付出很大的心力鼓勵和協助改變後,團隊成員還是無法成功,那麼很有可能是該停止給予回饋、考慮解雇團隊成員的時候了。讓他們離開這個環境,對於他們、你和整個團隊都是好的。

最後,好的領導者不會散播八卦或說他人壞話。這樣的行為除了很不得體,人們還會假定你也在他們背後說他們的不是。順道一提,要求部屬保守祕密前請先謹慎思考。基本上,一個好的準則是,如果某些資訊不會與整個團隊分享,就別告訴某個團隊成員。

要求某人保密可能會使他難以和同事自在相處,同時感到有些負擔。此外,這也會削弱你在團隊中試圖培養的透明度與真誠感。但有些時候確實需要保密溝通,如果是這樣的話,請審慎為之,只在真正有必要時才這麼做。

適時讓部屬參與

部屬通常都會希望自己決定完成工作的方式、參與跟他們有關的決策過程、針對遇到的問題提出點子,以及對於必須做出的改變貢獻意見。畢竟,在每天的每一個工時要面對這份工

作的是他們，真正執行任務的也是他們。一對一會議可以有效做到讓部屬參與，只要詢問他們對某個議題的意見就好了。

例如，你可以問：「關於某件事的解決方式，你最初的想法是什麼？」這個做法有四種好處。第一，他們很可能已經想到解決辦法了；第二，此舉表示你重視他們的貢獻和意見，這會使他們感覺被尊重和重視；第三，這會讓你了解部屬是如何思考和解決問題的；第四，我們通常會比較投入自己創造或參與創造的點子。

必須注意的是，員工參與的程度必然會有一些限制，並非所有的決定都能夠或應該納入團隊成員的想法或貢獻。有一些影響範圍和程度很大的多面向決定，就是得由上級發號施令，所有人都必須配合。

常常有人問我：「主管可不可以在一對一會議期間針對某個議題或主題分享自己的想法？」當然可以，請儘管分享你的觀點、洞見和想法，但是要先尋求他人的意見。

順道一提，不要假定你知道解決一個議題的最好方法是什麼。你以前處理這個問題的方式，現在可能已不適用。除非答案只有一個，否則你的想法不應該被奉為「正確」的答案，而是另一種可以考慮和討論的觀點。

適當展現脆弱

身為權力地位較高的一方,你必須負責把會議打造成讓人放心談論恐懼、擔憂、困難與目標的地方。因此,你也應該以身作則,願意表現出脆弱和你私底下的樣子。只要時機適當,你可以在某種程度上分享個人感受(無論是正面或負面的),以顯示你信任他人,也鼓勵他人信任你。

領導者適當展現脆弱,會讓部屬感覺更安心,同時協助培養有意義的關係。此外,這也是在間接允許部屬跟著展現脆弱。整體而言,請讓你的會議充滿人性。

順道一提,展現脆弱的要素之一,是願意對自己和團隊承認錯誤。你可以將之變成教導部屬的好機會,讓他們知道犯錯後不該隱藏或怪到別人頭上。你也可以利用這個機會,針對自己曾經做或說的某件事向團隊成員道歉。

適當展現脆弱心還有另一種方式,那就是向他人尋求幫助。沒有人有辦法解答所有的問題或知道怎麼做每一件事。懂得適當展現脆弱的領導者,會偶爾向團隊成員尋求幫助,例如請團隊成員解釋一件事、向你示範怎麼執行一件任務,或者請對方伸出援手。

向他人求助也能培養關係,這個概念稱作富蘭克林效應,因為班‧富蘭克林(Ben Franklin)據說便曾向對手求助。[11] 除此之外,求助或許也會提高部屬在有需要時向你求助的可能

性。最後,這麼做可加深彼此的關係。

我必須強調「適當」這兩個字,因為你雖然應該展現脆弱,但卻不該過頭。也就是說,要展現脆弱,但是不要過度分享,導致一對一會議的焦點完全轉到你身上,並讓對方感到不舒服。我們的目標是分享得恰到好處,好讓對方也能自在分享。因此,請找到適當的平衡點。

綜上所述,這五種行為類別可以透過合理且可行的方式滿足個人需求。你不必付出很大的心力,只要細心謹慎便能輕易做到。結果很可能是,部屬會感到被包容、尊重、重視、信任、聽見、理解和支持,並產生心理安全感。這對一對一會議和雙方的關係來說都很有益處,是高成效一對一會議的核心。

我也必須再三強調,這些滿足個人需求的行為雖然與領導者及其部屬有關,卻也適用於任何建立關係的努力,無論是與同事、家人、朋友或顧客之間的關係。

和善並表達支持

和善這種行為包含了慷慨、體諒、助人和關心他人的舉動,且不期待得到讚美或回報。我不想要說教,告訴讀者怎麼當個和善的人,畢竟從我們小時候起,我們的照顧者就一直教導我們要善良。在一對一會議的情境中,和善的關鍵就是不斷

> 研究證實，和善助人對你的健康有益。例如，和善助人似乎可以減弱壓力帶來的負面影響，[12] 而在較極端的案例中，從事志工活動（一種很重要的和善舉動）的年長者比較不可能早死[13] 或出現高血壓。[14]

提供支持。在一旁為他們加油打氣、給予支持，並投注心力在他們身上，就是一種終極的和善之舉。

不過，我想提出兩個小警告。首先，要藉由你的支持來幫助對方自行成長和發展，但是小心不要培養他們依賴的習慣；其次，表現和善並不表示你就不能要求對方負起責任。問責與和善絕不會不相容。有時，問責反而是善意之舉。

總之，和善是滿足個人需求和培養強健關係的關鍵要素，而且對方也較容易聽進去你所提供的問責訊息或批判性回饋，因為你是帶著善意說出口的，可以打破防衛和封閉的心牆。值得一提的是，善意會衍生出善意，這是具有傳染力的。[15]

本章重點筆記

- 滿足個人需求非常重要：

  雖然一對一會議的目的是滿足部屬的實務需求,但是在進行的過程中,也必須滿足部屬的個人需求。這麼做可以確保部屬感到被包容、尊重、重視、聽見、理解和支持。滿足個人需求也能營造心理安全的氛圍,從而提升一對一會議的內涵和增加價值。

- 滿足個人需求的五種關鍵行為：

  要滿足部屬的個人需求,需要做到五種關鍵行為：

  1. 帶著同理心聆聽與回應
  2. 真誠開放地溝通
  3. 適時讓部屬參與
  4. 適當展現脆弱
  5. 和善並表達支持弱

  每一種行為都可以促進一對一會議的成效以及你與部屬的關係。

第 10 章

掌握過程的重點

上一章,我們談到在一對一會議期間要做到哪些關鍵行為,才能滿足部屬的個人需求。在這一章中,我們要檢視一對一會議的四大流程步驟,分別是事前、開頭、核心和結尾。在下頁,讓大家複習一下第 8 章分享過的一對一會議整體模型。

圖中描繪的一對一會議流程並不是什麼神奇公式,你可以把它調整修正成適合你的樣子。了解團隊成員的不同風格和喜好,以便根據需要進行調整。換句話說,你要靈活調整做法,以配合每個人的需求。

事前和開頭

班・富蘭克林曾說過一句至理名言:「沒有做好準備,就是準備好要失敗。」在你走進會議室、進入視訊會議,或開始散步會議之前,你需要做好準備。首先,複習上次與部屬召開一對一會議時的筆記。你們上次討論了什麼、這次一對一會議

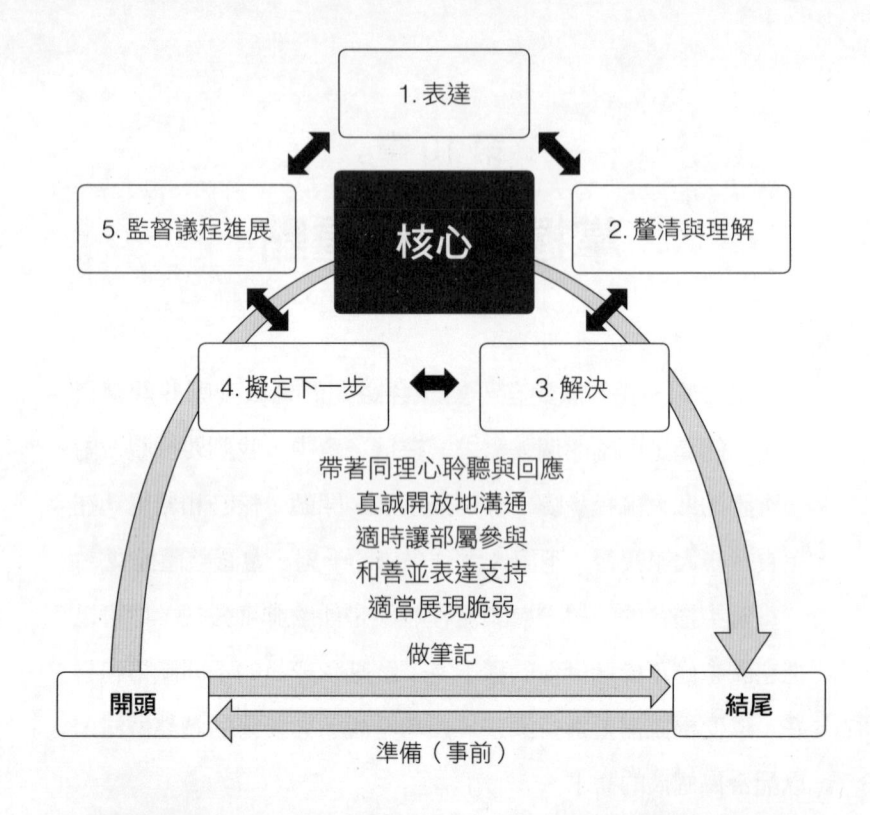

```
                    1. 表達
                       ↕
5. 監督議程進展    核心    2. 釐清與理解
                       ↕
       4. 擬定下一步 ↔ 3. 解決
```

帶著同理心聆聽與回應
真誠開放地溝通
適時讓部屬參與
和善並表達支持
適當展現脆弱
做筆記

開頭 → 結尾
準備（事前）

應該繼續哪些話題，有沒有任何項目該進行後續追蹤？重要的是要記住並強化一對一會議之間的連結，才能維持衝勁，並放大正面成果。

心理建設也是事前準備的一部分。這就要帶到我最喜歡的研究發現，那就是畢馬龍效應（Pygmalion effect），又稱作羅森塔爾效應（Rosenthal effect）：「當我們期待他人做出某些行為時，我們的行為方式可能會使預期的行為更有可能發生。」[1]

比方說，如果老師對學生的期待很低，他們會以某種方式

對待學生,像是不花時間好好解釋課堂內容。如此一來,學生的表現就會很差,證實了老師一開始的期望。換句話說,原本很低的期望變成了真正的現實。同樣的效應也會發生在正面的期望。進入一對一會議時,心中相信部屬想要成長、改變、學習和發展,領導者便很可能出現認真聆聽、合力解決問題、同理、支持和鼓勵的行為。

反之,假如你不相信部屬會成長,而是覺得恰恰相反,認為他們就是不會或無法改變,這便很可能導致相反的行為(不鼓勵或不支持),因為你已經假定這些行為不會有任何幫助。這直接違背了一對一會議的宗旨。這兩種情況都很可能發生所謂的「自我應驗預言」(self-fulfilling prophecy),亦即你的行為很可能帶來與最初的預期相符的結果。

請記住,如果對方真的是個很糟的員工,你應該長時間記錄和處理這個問題,必要時將他解雇。但大多數時候,情況並非如此。因此,在召開一對一會議時,你需要抱持正面的期望,才能實現這些會議及部屬的所有潛力。

現在來談談一對一會議真正的開頭階段。首先,快速帶過與工作無關的話題、點出成就和給予讚美,這樣會愈聊愈起勁,同時培養心理安全感。你也應該對部屬這個人表現出興趣。議程最好已事先擬定最終稿,但如果沒有也沒關係,只要在開頭確立就好。關鍵在於,確保每個人都了解會議想要達成的結果,以及如何達到目標。如果議程事先已擬定好了,還是

要詢問是否需要做出任何更動,再往下進行。

這時也很適合問:「在結束我們的聚會之前,有什麼是絕對必須討論到的?」這樣你才能最適當地安排時間的優先順序。最後,如同前面說過的,我喜歡快速提及過去的一對一會議(或許可稍稍關心上次談到的某個問題或議題),讓部屬知道這些一對一會議對你很重要,你完全投入其中。

在開頭的部分,也應該定期強調你希望一對一會議會出現的某些準則,如坦率、積極參與、開放及對資訊透明的承諾等,為豐富真誠的對話奠定基礎。

核心

雖然事前和開頭是讓會議獲得成功的重要部分,但核心才是行動真正發生的階段。每個議程項目都會在一對一會議的這個部分逐一涵蓋(大多如此)。

如 156 頁的模型圖所示,模型的這個部分是由五個互有關聯的主要階段所組成。根據所討論的議程項目,模型的某個階段可能獲得較多關注,有些階段則可能會被完全跳過。例如,若是僅包含事實資訊的項目,你將只會專注在表達以及釐清與理解這兩個階段。

請注意,這個模型的所有階段都是以雙向箭頭連結,這是

因為溝通方向可能具有高度動態。在不同階段之間跳躍是很常見且可預期的狀況。比方說，在解決階段，你可能又會跳回去釐清與理解階段，以便更加了解需要解決的議題。

現在，讓我們逐一認識這五個階段，好明白它們在一對一會議扮演的角色。我也鼓勵你閱讀第二部分最後面的「引導一對一會議的準備清單」工具，你可以在一對一會議開始前快速瀏覽一遍。

表達

表達階段會提交討論各種主題和議題，可能是由你提出一個議程核心問題開始，或者是由部屬從他們的清單內容開始討論。用鼓勵的字眼邀請部屬參與，讓他們開始說話。雖然你可能會很想進入與你的需求有關的主題，但請不要這麼做。先把焦點放在最優先順位，也就是部屬的內容和需求。認真傾聽對方說的話。

在這段期間，運用充滿鼓勵的肢體語言來加強連結和表示興趣，不要採取給人感覺封閉或防禦心重的姿勢，像是雙手交叉。無論是實體或線上會議，都要使用恰當的眼神接觸，讓部屬感覺被看見和聽見。

釐清與理解

這個階段的重點是要投入部屬分享的內容,並力圖完全理解他們說的話,包括探究議題的根本原因。積極聆聽並提出強而有力的問題來探索觀點,是這個階段的關鍵,像是「多講一些有關……」、「根據你的分析,你覺得為什麼會發生這件事」或「過去有沒有發生過類似的情況可以納入考量」。請參閱第9章,以了解更多關於聆聽、探查和探索的技巧。

完全理解發生了什麼事之後,根據議程項目的本質,下一步你可以進入解決階段。或者,部屬可能只是希望發發牢騷,因此你可以回到表達階段,準備進行下一個議程項目。或者,在釐清與理解階段,透過出色的提問和仔細聆聽,解決階段已經自然而然展開。

我來做個簡單的解釋。想像桌上有一顆柳丁,喬治說:「我想要這顆柳丁。」莉亞娜接著說:「我想要這顆柳丁。」由於只有一顆柳丁,這兩種立場顯然無法相容。因此,解決辦法通常會在協商時出現,不是把柳丁切一半(折衷的解決辦法),就是只有其中一方得到柳丁,另一方得不到(有輸有贏的解決辦法)。

然而,其實還有一個替代方案:問對方為什麼採取這個立場,也就是為什麼想要這顆柳丁。這麼做可以釐清欲望背後的動機,或許就能找到一個相輔相成的解決方案。讓我用柳丁的

例子來示範,並在中間加入「為什麼」的問句:

莉亞娜:「我想要這顆柳丁。」

喬治:「莉亞娜,你為什麼想要這顆柳丁?」

莉亞娜:「我又餓又渴,這顆柳丁可以解決我的需求。」

喬治:「我想要這顆柳丁。」

莉亞娜:「喬治,你為什麼想要這顆柳丁?」

喬治:「我在做司康,需要柳丁皮。」

這下子雙方的動機都清楚了,很容易就能找到一個雙贏的解決方案,也就是莉亞娜可以得到柳丁的果肉,而喬治可以拿走柳丁皮,雙方都很開心。

雖然這個例子有點蠢,但是詢問原因和探究對方分享的內容可以改變對話,並讓你找到原本沒發現的解決辦法。總而言之,透過深入釐清與理解階段,解決方法可能會開始浮現,帶領我們進入解決階段。

解決

解決階段很有可能會因為議程項目而有所不同。這個階段可能包含:

- 給予回饋，並提出改善藍圖
- 提供諮詢、支持和建議
- 解決特定的問題、阻礙或困難，並擬定計畫
- 替部屬找出可用的協助和資源

解決階段的第一步通常是詢問部屬有什麼點子，因為他們對問題有切身經歷，而且他們願意接受解決方案才是重點。可能適合的開放式問題如下：

- 「根據你過去的經驗，你對如何繼續有什麼想法？」
- 「你的直覺告訴你應該如何解決這件事？為什麼？」
- 「有哪兩三種方法可能會有效，而每一種方法的優缺點又是什麼？」

持續鼓勵部屬想出更多點子；沒有必要接受第一個選項，而你當然也可以、甚至應該建設性地質疑各種想法。不過，下面這段話是關鍵，我要特別強調，因為這對領導者來說是一個常見的問題：**如果部屬的解決方式與你的不完全相符，但仍然可行，那就接受他們的點子，就算你覺得你的比較好一點。**

但是，如果你覺得你與他們的想法存在巨大的品質差異，且錯誤的解決辦法會帶來很嚴重的後果，那麼推翻他們的想法就是合理的。

> 　　身為主管，你應該對沉默感到自在。部屬沉默時，你可能會很想打破沉默，但是請記住，沉默往往代表對方在沉思，而不是覺得尷尬或者不夠投入。你甚至可以鼓勵這種沉默的時刻，告訴部屬需要時就暫停，好好思索他們的點子。整個過程不需要匆促。

　　帶有後果的「巨大差異」是此處的重點。假如你與部屬的點子沒有巨大差異，則部屬提出的解決辦法會是較好的選擇，因為這是他們創造的。接受他們的點子表示你信任他們及其判斷，也會讓部屬在面對阻礙時，更願意採取行動和堅持下去。

　　我還想說一件事，就算你認為彼此的點子在品質上差異很大，但是假如部屬的點子不會帶來非常不好的結果，那麼最好還是配合部屬分享的做法。如果他們的解決方案最後沒有奏效，你們當然可以一起討論，嘗試不一樣的方法。可是，如果真的奏效了，對你們兩個來說都是雙贏的。

　　總而言之，不要隨意推翻部屬的做法，要合乎情理。部屬不該每次都得迎合你的解決方案，特別是當你可能並不確定你的解決辦法就是唯一的辦法時。

　　正如前一章所說，我不希望你認為你不能在一對一會議分享自己的觀點。你當然可以、也應該這麼做。在一對一會議期間，絕對有一些時刻是需要你貢獻自己的觀點或分享誠實明確

的回饋。但是,請慎選那些時刻,才不會令部屬感到沮喪或無能為力。

上述步驟或許看似線性——部屬先說話,接著是主管,如此重複下去。然而,因為整個解決階段包含了積極提問和探索,所以這個過程應該會感覺引人入勝、充滿動態與互動。但是,要是主管和部屬都沒有好點子呢?那就一起腦力激盪,共同解決問題。合力理解當下遇到的議題、共同匯集資訊、找出根本原因,並創造雙方都滿意的解決方案。

假如你們在當下想不出解決方式,沒關係,你們可以靜靜思考。接著,在其他時候或下次一對一會議時,再回來討論你們的想法。無法找到好辦法,也有可能讓你們再回到釐清與理解階段。這種情況時有所聞,完全沒有問題。

擬定下一步

偉大的點子只有在有人付諸行動,才會真正偉大。確立雙方在解決階段達成一致的意見,要清楚擬定最終計畫和下一步。你應該詢問部屬需要從你這邊得到哪些資源和協助,如果從你這邊得不到,則他們應該採取什麼步驟才能獲得。

假如部屬沒有明說需要什麼,你也可以提出你能給予的幫助(如提供資源、引介重要人物、參與談話等等),接著詢問

部屬的想法。但是請小心，如果你同意協助某人，只要提供他所需要的幫助即可，別忘了他最終要對完成任務負責。

在為自己和部屬制訂行動項目時，我非常喜歡使用目標設定相關文獻所推崇的方法，那就是明確（specific）、可衡量（measurable）、可達成（achievable）、實際（realistic）／相關（relevant）、有時限（time-bound），也就是 SMART 原則。行動項目可以是複雜的大任務，也可以是像「為團隊制訂目標清單」這類簡單的任務。還有一種可能的情況是，某個議程項目不需要行動項目，只要討論就夠了。

監督議程進展

按照既定的議程進行會議，但同時也要具有彈性，讓對話能自然流動。把焦點放在對部屬而言最重要的項目（這些項目應該放在議程的前面），以便確保一對一會議發揮價值。身為主管的你要負責管理會議時間，但你還是可以保有彈性。

在一對一會議開會期間，不時確認部屬的需求是否真的獲得滿足。雖然議程很有用，但也不要為了完成整個議程，就匆忙帶過每一個項目，敷衍地處理重要的議題。先把焦點放在重要的話題上。請記住，議程上沒有涉及處理的任何事項，都可以在下一次一對一會議或其他時候討論。

我想要再強調一次，一對一會議所有的核心階段不一定都得按照線性順序完成。按照順序當然也有可能，但你會發現對話很容易會在不同的階段之間跳躍來去。無論哪一種情形都沒有關係。

最後，在對話過程中，負面情緒有時會浮現，這是很正常的，只要運用有建設性的方法處理即可。在本書〈執行篇〉的最後，你會找到協助妥善處理這件事的工具：「負面情緒處理能力評估」。

結尾

首先，請準時結束一對一會議。不慎超時會讓人覺得你不尊重別人的時間。如果已經完成會議的目標，可以早一點結束（但如果總是提早結束會議，這可能表示你沒有有效執行一對一會議或充分利用聚會的時間）。然而，在一對一會議的這個階段，重點是要有一個充滿意義的結論，而且這個結論最好是正面積極的（至少不要是消極負面的）。

諾貝爾獎得主丹尼爾·康納曼（Daniel Kahneman）和他的同事做過一項經典研究，證實了一個經驗的結尾會影響未來的行為。[2]

研究人員在實驗中將受試者分配到兩個不同的情境。在第

一種情境中，受試者將手浸入非常冷的水中（14°C）60秒。這並不像聽起來這麼容易，是非常不舒服的。第二種情境一模一樣，只是受試者接著要再把手浸入稍微不那麼冷的水中（15°C）30秒。水溫上升得並不多，還是很冷，但是與前60秒相較舒適多了。接著，他們詢問兩種情境的受試者願不願意重複這項實驗，結果第二種情境的受試者確實比較願意，儘管他們的手在令人不舒服的冷水中泡得比較久。兩者的差別在於，第二種情境的結尾較為正向。這是個重要的發現，可以很容易地應用在一對一會議。

一個絕佳的一對一會議結論由幾個元素組成。雙方應該對會議重點、約定事項、時間表和行動步驟清清楚楚，你也要知道如何支持部屬的下一步。如果最後一刻有什麼想法或需要改變，任一方都可以在這個時候提出。

為了促進問責及會議之間的進展，可以快速記下這部分的內容，之後進行分享。英特爾的前執行長暨共同創辦人安迪‧葛洛夫說過以下這段話，為這點做了很好的總結：「『用筆寫下來』也同樣重要……這個行為象徵一種承諾，就像握手一樣，表示某件事情會完成。」

最後，以感謝部屬的辛勤工作來結束一對一會議的對話。表揚他們付出的努力和實現的成果。就算對話不太愉快，或是出現一些有建設性的回饋，也要試著以肯定的語氣結束。

你可以說：「我知道這很不容易，我們會一起解決。」或

是:「收到這種回饋並不好過,我想讓你知道,我看得出你對這件事付出了多少努力,也很佩服你能夠大方接受回饋。我很高興你是團隊的一分子。」抑或是藉由其他鼓勵或行動來增加部屬的信心。以正面積極的態度結束會議,可以讓你們雙方在會後充滿動力和樂觀,而不是倍感壓力和精疲力盡。

示例

以下是我在訪談團隊成員／領導者期間,詢問他們有什麼很棒的一對一會議經歷時,所得到的回答,有助於將一對一會議的流程帶入生活。第一段引言提到一對一會議饒富成效的原因,清楚點出平衡的重要性:

「一、在會議一開始關心我的身心狀況,並有更多個人的互動;二、適當的時間安排,讓我可以傳達與討論我的項目,而他也能做到同樣的事情;三、進行一些指導。此外,他也會確保我們有時間談到比較敏感的話題,而且他是很棒的聆聽者。我清楚感受到他很專注,真誠地與我交流。」

下一段引言很好地描述了一對一會議的架構,以及主管是如何鼓勵部屬進行深入思考:

「我們有固定的架構——我們會談論我的核心職責、專案進度，以及職涯發展的進度。我們有一個簡易的記分卡，讓我們所有人都能夠看見及掌握所有的事情。我的主管會給予簡短清楚的回饋，還有大量自我反思的功課，要我留心自己的某些地方，留意、學習我在這個世界闖蕩的歷程。」

　　最後一段引言則點出不同的一對一會議類型，以及提問的重要性：

　　「一對一會議有兩種類型。有些偏向戰略性，專注在目標和策略上。通常這些是比較常見的類型。這種類型的一對一會議最好的進行方式，就是主管少下一點指令，多問問哪些地方很順利、哪些地方不順利，以及移除阻礙的方式有哪些。大部分的主管都說得太多、問的問題太少。

　　第二類一對一會議則比較專注在發展上。最好的進行方式就是要先了解自己的職涯目標、抱負和期許，接著談談我或我們需要做些什麼，才能讓這些願望成真。那是非常講求同心協力才能達成的。」

> **本章重點筆記**

- **一對一會議的四個步驟：**

  一對一會議有四個關鍵階段：事前、開頭、核心、結尾，每一步對一對一會議的執行成效都很重要。

- **事前和開頭階段確立基調：**

  一對一會議的事前階段可以確保你為會議做好準備，並以正確的心態進入會議。會議開頭應該用輕鬆的話題開場（如與工作無關的主題、成就或感謝），接著進入較嚴肅的話題，像是討論阻礙或提供回饋。

- **核心是一對一會議有無成效的關鍵：**

  這是一對一會議的精髓。這個部分會發生五個關鍵階段，分別是：表達、釐清與理解、解決、擬定下一步、監督議程進展。這些階段不需要逐步進行。反之，你應該讓對話自然流動，按照對議程主題說得通的方式完成不同的階段。

- **正面積極的結尾：**

  一對一會議的收尾是回顧和順手記下重點筆記的絕佳機會。請務必準時結束會議、帶著感激之情，並重複表達支持。這些動作會激勵部屬針對討論內容採取行動，也會為下一次一對一會議的成功做好準備。

第 11 章

部屬該有的準備

宇宙間的一切都有韻律,一切都在舞動。

——瑪雅・安傑洛(Maya Angelou),美國詩人

　　一對一會議就像一支舞,畢竟跳探戈也需要兩個人。雖然有一個人負責領舞,但那顯然還不夠,因為雙方都是組成這支舞的關鍵角色。同樣,任一方都會形塑一對一會議,並對其成敗負責。部屬在一對一會議中並非扮演被動消極的角色,而是主動積極讓這些會議真正發揮成效,也就是培養關係,並努力滿足需求。

　　這一章專門討論部屬促進一對一會議成功的關鍵行為,因此我會直接與直屬部屬對話。部屬就是這一章所說的「你」。然而,本章內容也與主管有關,因為這章探討的許多行為仍應由率領會議的主管來促成。此外,主管也很有可能參加他們的主管所召開的會議,使得本章與他們更加相關。

提升一對一會議價值,我可以做什麼?

部屬可以且應該怎麼做,才能提高一對一會議的價值、增加正面成果發生的機率呢?在我的訪談中,有十種行為相當常見,我想在此分享。言歸正傳,以下是這絕妙的十點、偉大的十點、排行前十名、將一對一會議推上顛峰的十大行為!

1. 清楚自己需要什麼

若你想從一對一會議得到自己想要的東西,首先得知道自己要什麼。你最希望討論的議題和主題為何?你最迫切的需求又是什麼?不要被膚淺的主題或細節,抑或是你認為自己應該討論的東西所困。

釐清對自己有意義的長短期需求、希望和目標。目標明確有助於你優先考慮和組織你的談話重點和疑問。如此一來,一對一會議才更有可能給你真正需要的東西。

2. 充滿好奇

好奇始於心態,但也與一個人的行為有關,反映了一個人想從他人身上和經驗中成長與學習、獲取新知,以及願意應付各種不同資訊的欲望。研究證實,好奇心與幾個正面結果有關,包括:

- 較高的工作績效
- 較高的工作滿意度和生活滿意度
- 較優質深入的社交關係
- 企業創新行為
- 適應與成長

雖然大多數人都說自己天生好奇，但實際上他們的行為卻非如此。我們以光速度過每一天，容易被截止日、社群媒體和各種問題所分心。也許最值得注意的是，我們會阻礙自己的好奇心，因為我們沒有真正花時間向他人和他人的「事實」學習──這才是好奇心的重要特質。

除了積極提醒自己要擁有好奇心（是的，在進入一對一會議之前，我們需要提醒自己這點），好奇的基本行為其實很明顯，那就是我們會提問、仔細聆聽，以及享受發現的過程。

最重要的或許是，我們會努力避開「確認偏誤」（confirmation bias，也就是只尋找與我們的觀感相符的資訊），並要求自己發掘新的知識和思考方式，即使這會令我們感到不舒服。最終，我們會學到他人的敘事和事實，儘管我們不見得認同他們的觀點，還是有機會從中學習與成長。

3. 建立融洽的關係

建立融洽的關係有助於人們在私人和專業的領域中相互了

解,並對彼此感到自在。建立融洽關係顯然是個動態的過程。有些主管非常內向,對社交活動有點不自在,但這並不代表你無法建立融洽關係。反之,這只是表示你得加倍努力,才能建立這種關係與連結。

整體而言,相關文獻建議先從充滿熱情且正向的問候開始;使用非口語的方式吸引另一方靠近,例如良好的眼神接觸和微笑;對對方這個人展現興趣;了解對方喜愛的事物和興趣,以便找到用來提升對話的共通點。

若沒有共通點,還是可以對差異點充滿好奇和興趣。讓對話自然發展,同時認真參與你聽見的話以累積興致。最重要的是,享受交流的過程。

4. 積極參與

這是你的會議,所以要善加利用。關於積極參與,比較明顯的例子有:分享內容並進行互動;提問;表達自我;樂於交談;對於聽見的話做出有建設性的反應;深入探究;釐清資訊,以及全然專注。

做筆記也能促進和傳達參與的訊號。此外,由於會議只有兩個人,非語言交流會很明顯,甚至對人際關係的動態影響更大。坐直、身子微微前傾、微笑、眼神接觸等,都是強烈積極的非語言訊號。

5. 溝通良好

讓我點出幾個與優良溝通有關的關鍵行為：

- **簡潔明瞭**：運用易於理解和準確的詞彙，以防止誤解。
- **溝通好比說故事**：好的架構、順暢度和組織是必要的。
- **保持焦點，不偏離訊息內容**：跳來跳去會令聽者困惑。
- **你的聲音很重要**：語音轉折和語氣會影響溝通的接收方式。這兩個溝通元素會影響對方如何理解和詮釋訊息。
- **誠實**：為了得到有意義且深思熟慮的回覆，你要力求對主管誠實、坦率、甚至展現脆弱。

別忘了，傾聽是良好溝通的基石（見第9章）。我想要補充一點，除非是必須保密或高度敏感的議題，否則有時候或許可以找值得信任的同事，針對一個困難的議題或主題練習溝通，在與主管展開可能會很困難的對話之前先做好準備。

6. 解決問題

不要只帶著問題進行一對一會議，而是要試著把可能的解決方案也一併帶來，即使解決方案尚未成熟。這表示你很積極主動，渴望以建設性的方式應付挑戰。你要樂意分享自己的觀點，即使與主管的觀點不同。假如出現異議或衝突，便用有建設性的方式解決歧異。請記住，雙方差異並不是問題，而是學

習不同觀點的機會，關鍵在於如何談論彼此的差異，卻又不做出人身攻擊。解決分歧有可能帶來獨特且融合的解決之道。

與此相關的是，我從領導力專家約翰・巴多尼（John Baldoni）卓越的作品中學到了一個道理，那就是如何捍衛自己的論點，卻又不顯得理直氣壯。[1]

一切從準備開始。想想你的論點可能遇到哪些類型的反對和反論，然後腦力激盪出一些可能的回應。這並非要你不惜一切代價捍衛自己的論點，而是為了使你的論點更有可能獲得對方完全的注意力，並促進深思熟慮。這樣做或許還能幫助你在對話開始前找到論點中的漏洞。

在會議召開期間，如果你遭到駁斥，請對你收到的任何回饋或回應表達感謝（此舉並非等於認同）。這代表你心胸開放、接受度高，進而也會讓他人心胸更開放。此外，這也會讓對話變得更愉悅，進而放下防禦心理。耐心也很重要。你應該合理地預設，他人不可能馬上接受你的觀點。

另外，面對他人回饋，你要願意修改自己的點子。找出你的提案有哪個部分不可或缺，哪個部分較不要緊。針對較不要緊的部分，要果斷讓步，如此可帶來更大的動力。最後，要保持理智，如果你變得情緒化，對話可能會走下坡。

在討論過程中，確實有可能會發現你的點子明顯有些問題，選擇另一條路比較好。也有可能你就是無法令對方接受你的觀點。這些情況都有可能發生。期待他人總是被你的論點左

右,這是不合理的。因此,有時候你就是得繼續前進,然後轉向。如果過程處理得好,整個經驗將會為你帶來很好的影響。

7.(有建設性地)尋求協助

無論是接受新的挑戰、克服阻礙、為了趕截止日而在壓力下工作,或是釐清含糊不清的任務和期許,向他人求助都是必要的。曾有學者研究求助這個行為,研究範圍設定在過去二十年。社會心理學家將求助行為分成兩類,一是自主性求助(autonomous help-seeking),二是依賴性求助(dependent help-seeking)。[2]

自主性求助的意思是,一個人尋求資訊是為了獨立,為了能自行完成任務和解決問題。這會促成長期的獨立性,類似某句諺語所說的:「送人鮮魚,他一天不愁吃;教人釣魚,他一生不愁吃。」另一方面,依賴性求助指的是想從他人那裡尋找「應急之道」或「答案」,這類求助行為雖然可以節省時間和心力,並立即帶來滿足感,但是通常無法讓人長期自給自足。有趣的是,研究顯示,工作績效評分與自主性求助之間有正相關,與依賴性求助則有負相關。[3]

我明白向人求助有時並不容易。然而,如果你曾幫助過人,這就容易多了。事實上,你可以拿第 6 章討論過的許多問題來問,只是把對象換成主管,如此便能夠了解他們在想什麼,以及你可以如何幫助他們。

例如，你可以問主管：「你接下來幾天最優先的事物有哪些？我可以如何幫助你完成？」對方肯定會欣然接受你的協助，儘管這不是一對一會議的主要目的。這不但是一件善舉，別人也更有可能挺身幫助你（助人的行為會衍生出更多助人的行為）。

8. 尋求回饋

在尋求回饋時，詢問的內容能更為明確和具體會很有幫助。以下列出一些不錯的問題，可以用來詢問主管，以獲得有幫助的建議：

- 我在哪些方面做得好，而哪些地方需要改進？
- 我的強項是什麼？我可以在哪些方面進一步發展？
- 說到（寫下與工作相關的主題），我有什麼盲點？
- 我可以增加哪些額外的知識或技能，好讓我把這個職務做得更好？
- 若想在這個組織中表現優異和獲得晉升，你會給我什麼建議？
- 你認為我在這個團隊和組織的未來如何？
- 為了達到我想達成的職涯目標，我需要加強和進一步發展哪些知識／技能？

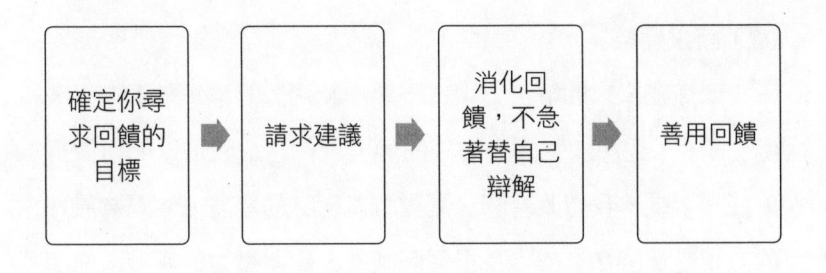

| 確定你尋求回饋的目標 | → | 請求建議 | → | 消化回饋，不急著替自己辯解 | → | 善用回饋 |

另外，在得到回饋後，也可以接著問：「還有嗎？」這會讓主管思考，補充他可能遺漏的任何內容。

我也鼓勵你運用前面提過的前饋概念，這是馬歇爾‧葛史密斯首創的絕妙方法。[4] 這個方法把焦點放在未來的行為，而非過去的錯誤。前饋是不帶批判、能夠賦予權力且充滿洞見的做法，可以透過以下四個步驟完成：

（1）確定你尋求回饋的目標

有哪些通常在你的控制下的行為，是你希望改善的？或者你覺得什麼行為妨礙了你或他人發光發熱和取得成功的能力？

這些行為可能涉及團隊合作、個人生產力、提升他人、促進身心健康、解決工作與生活平衡的問題、應付難相處的人、解決衝突或緊張情勢、管理工作量、帶動更多革新等等。一旦確定行為後，你就應該清楚表明你希望改善什麼，並說明你想要做到這一點的原因。

（2）請求建議

聚焦在未來的解決方案，不要提及過去的事。以下舉出幾個例子：「我想加強優先排序的能力，你建議我可以如何做得更好？」或「我想改善解決團隊成員衝突的能力，你認為最好的方式是什麼？」或「我很佩服某些人應對壓力的能力，你認為在工作中管理壓力的關鍵是什麼？」要讓過程順利進行，最好的方法是請對方簡單給出兩個建議即可，這會比較容易應付。整個過程可能只需要兩到三分鐘。

（3）消化回饋，不急著替自己辯解

聆聽對方說的話。深入詢問，但目的是為了理解，而非辯解。你可以釐清對方的意思，但不要評價他們的解決方案，只要說一句「謝謝你的建議」即可。到頭來，這只是他們的建議，你最後還是可以決定自己想做出什麼正向的改變。

（4）善用回饋

記下你學到的東西，好好思索，接著嘗試不同的行為。第13章會提到更多做出正向行為改變的內容。

前饋評估的是某個情況未來可以如何改善，而不是專注在過去的正面或負面行為。畢竟，我們無法改變過去，但卻能改變未來。前饋是不帶批判、能夠賦予權力且令人拓展視野的做

> 前饋的額外好處是，在一對一會議、甚至工作場合之外，也可以應用這項技巧。唯一的條件是，你不管要誰給予前饋，那個人應大致了解成長空間這個概念。想要的話，家人和朋友也可以給你前饋。

法。它的強大之處在於，人們雖然通常害怕得到回饋，卻往往很高興給予或收到前饋。這是因為，前饋是充滿樂觀的，專注在解決辦法，而不是問題本身。

另一方面，前饋不會令人出現防衛心理，因為你們是在討論未來前進的道路，而不是過去的事件。這會產生供你考慮的建議，而非你必須執行的命令或進行的修正。

整體來說，前饋的重點是做出正面改變的可能。前饋可以幫助人成長和發展，同時不會因為聽到關於過去行為的回饋而產生負面的緊張關係。更棒的是，每個人都能從前饋中獲得莫大的助益。事實上，大多數人甚至都說這個過程是振奮人心和有趣的。

9. 好好接收回饋

有時，聽取負面回饋是很困難的，即使你打開心胸願意接收也是如此。儘管回饋可能不太中聽，但其實有個方法，可以訓練你把所有種類的回饋都視為非常有用的工具。真正善於接

收回饋（無論好壞）的人，會先感謝對方願意分享回饋。接著，他們會問一些更深入的問題，以進一步了解對方提到的議題。他們也知道，不是每個人都善於表達回饋，而回饋給予的方式也各不相同。

然而，他們大體上還是很感謝回饋提供的內容。此外，他們會避免在情緒激動時說話，因為這可能會使情勢變糟。還有一點要注意，接受回饋並不代表你必須處理聽到的每件事。下一章會討論在行動上取得進展的過程，以及如何管理他人對你的努力（包括接收回饋時）所抱持的觀感。

10. 表達感謝

最後，要感謝主管付出時間和建議。就算你可能不是百分之百同意所有討論的內容，我們絕對還是找得到感恩的理由。這不僅提升了你的人格（當一個感恩的人是身心健康的關鍵），還能改善你與主管之間的關係。在表達感謝時，請記住以下幾點：

- 稍微誇張一點沒關係，因為這會展現出熱情，例如：「這一定會對我超級有幫助，謝謝你」或「再多感謝也不足以真正謝謝你做的一切」。
- 盡可能具體一點，這會讓你的感謝更為顯著，例如：「我非常感謝你針對＿＿分享的觀點。」

- 表達感謝時,別忘了眼神接觸和微笑。
- 不時替換傳達謝意的方式,這樣更容易被注意到。
- 你可以在致謝時流露情感,例如:「你的支持對我意義非凡」,或「我感覺自己被看見及聽見,謝謝你」。

整體來說,本章描述的十個行為是關於你如何盡自己的一份力,好讓一對一會議成功。主管的行為當然非常關鍵,但你也要好好扮演自己的角色,才能發揮成效。另一方面,這些行為也能反映出你的為人,且給主管留下更正向的印象。在這一章結束前,我想探討一個特別的主題:提供回饋給主管。

我需要提供回饋給主管嗎?

首先,我想分享三句值得思索的話。這三句話雖然充滿幽默感,但用來回答這個問題確實很中肯。

「回饋是一種很棒的禮物,除非有人不想要。」
「給予回饋可以培養關係,除非他們認為你大錯特錯。」
「人們會想聽聽你的想法,除非他們認為你很差勁。」

向位高權重的人提供回饋,不管是他們想要回饋或你主動

給予,都是十分棘手的事情,但還是可以做得到。除此之外,假如做得好,對你和主管都能帶來正向的結果。

首先,你必須先判定自己是不是小題大作,花點時間思考這個狀況是否有必要進行對話和回饋。第二,問問自己,這個狀況是否會自然解決。假如你還是認為主管聽取回饋會有幫助,就問問自己,可能付出的代價是否大過可能的好處。

換句話說,這件事對你來說有多重要?其中一個判斷方式是觀察主管對回饋的反應,例如他們過去對你或別人給予的回饋做出的反應,是很樂意接受?還是試圖辯解?假如一切似乎都很值得,那麼以下的流程可讓你根據自己的風格進行調整。

準備給予回饋

- 事先告知主管你希望給他們一些回饋,以便為對話做好準備,避免他們感覺措手不及,同時為有建設性的對話鋪陳。
- 仔細考慮他們對你的回饋可能會有的反應,好好思考要如何應答。事前準備是關鍵所在。
- 記住,這個狀況可能有很多你所不知道的內幕,例如主管的決策可能是受到股東施壓所影響。
- 預先排練你想說的話,這會讓你屆時能專注在手邊的任務,並以盡可能清楚的方式傳達回饋,不會因過度緊張而分心。

帶著敬意,深思熟慮且有建設性地執行

- 得到同意後再進行下一步。也就是說,對話一開始,先詢問對方是否還想聽取有關＿＿＿的回饋。
- 首先,要感謝他們願意聽取回饋,並說明你的用意。以一種具建設性且能夠提供助益的方式組織你的回饋。
- 說明你想提供回饋的狀況。
- 解釋你對某確切行為的觀點。
- 如果有關聯,可描述對方的行為對你造成的影響。
- 如果有關聯,可點出對方的行為是如何阻礙目標。
- 強調你能如何協助主管改進,而非如果你身處他們的位置,你會做些什麼不同的事情。
- 對話結束前,記得感謝主管願意聆聽你的擔憂並接受回饋。如果情況適用,你也可以提供支持,幫助他們解決你所提到的問題。

給完回饋之後,請停下來讓主管有足夠的時間消化訊息,並進行回應。這需要一點耐心。假如主管開始辯解或生氣,你可以針對回饋帶來的衝擊向他們道歉。這邊指的是回饋帶給他們的想法和感受,例如:「我很抱歉這令你不開心。」提醒他們你的用意,如果需要的話,問一些問題釐清細節。

> **本章重點筆記**

- **一對一會議就像一支舞：**
  關於一對一會議是否能發揮成效，部屬也需扮演積極的角色。

- **部屬的十個關鍵行為：**
  你（部屬）必須在一對一會議期間扮演積極主動的角色，才能善用這些會議。在這方面，有十個關鍵行為至關重要：
  1. 清楚自己需要什麼
  2. 充滿好奇
  3. 建立融洽的關係
  4. 積極參與
  5. 溝通良好
  6. 解決問題
  7. （有建設性地）尋求協助
  8. 尋求回饋
  9. 好好接收回饋
  10. 表達感謝

- **這些行為也適用於主管：**
  雖然你（部屬）應該做出這些行為來提升一對一會議的成效，但這些行為也適用於主管。比方說，主管也應該

積極參與一對一會議。

- **部屬可以給予回饋，但要給得善解人意：**

  雖然這感覺令人卻步，但給予上級回饋其實可以為你和主管帶來好處。

  然而，你必須深思熟慮地進行這件事。務必事先告知主管你希望提供一些回饋。在給予回饋時，要尊重、謹慎思考、有建設性，如此一來主管才更有可能接受回饋，而不會出現防禦心理。

執行篇工具箱

以下分享兩個協助你執行一對一會議的工具,
1. 引導對話的準備清單
2. 負面情緒處理能力評估

工具 1

引導對話的準備清單

這個工具是協助你引導一對一會議的提醒清單。

有效引導的關鍵行為		
類別	關鍵行為	
表達	透過正面的開頭誘使部屬開口。	
	在一對一會議開頭追蹤先前的行動項目。	
	對部屬的觀點表示認可。	
	運用適當的肢體語言和眼神接觸。	
	經營氣氛以建立信任。	
	激勵、授權、支持和啟發部屬。	
	鼓勵開放的對談。	
釐清與理解	重述聽見的內容。	
	做決策時保持中立。	
	積極聆聽,讓部屬感覺被聽見和理解。	
	進一步提問,以釐清動機。	
	綜合你和部屬的點子。	
	透過問題找到根源。	

解決	溫和地測試／質疑部屬的預設想法。	
	提供諮詢、支持和建議。	
	協力解決問題。	
	替部屬找到可用的支持和資源。	
	讓部屬先提出解決方案,再提供建議。	
	欣然接受一對一會議的沉默時刻。	
擬定下一步	透過筆記記錄點子。	
	清楚表達對後續行動項目的期望。	
	行動項目應該明確、可達成、有時限。	
	總結討論重點。	
	在一對一會議最後確立行動項目。	
	確保雙方都同意行動項目。	
	在一對一會議之後追蹤行動項目,進行問責。	
監督議程	由高度優先的議程項目開始。	
	善用議程,而非依賴議程。	
	靈活應對部屬想要談論的話題。	
	確保重點都有討論到。	
	討論內容不可離題。	
	評估時間,讓會議準時結束。	
	將沒討論到的議程項目移到下一次一對一會議。	
	必要時在其他時候討論沒談到的議程項目。	
	帶著感恩的心情結束會議。	

進行每一個行為時,都要做到:	
帶著同理心聆聽與回應	
真誠開放地溝通	
適時讓部屬參與	
適時展現脆弱	
和善並表達支持	

工具 2

負面情緒處理能力評估

有時候,負面情緒可能會在一對一會議期間產生。然而,你可以做一些事來有效處理這些難免出現的難題。這個工具要測試你是否知道要如何做到。

測驗說明:下面列出許多在一對一會議期間處理憤怒和負面情緒的敘述,請一一閱讀,圈選出你認為這句話是對或錯。完成後,翻到下一頁核對答案。

測驗項目:

處理一對一會議期間的憤怒和負面情緒時,你應該……	對或錯	答對了嗎?
1. 試著要部屬解釋他們為何生氣。	對或錯	
2. 馬上給出自己的意見。	對或錯	
3. 不同意部屬的觀點時,應馬上讓部屬知道。	對或錯	
4. 積極聆聽部屬的觀點。	對或錯	
5. 馬上說出你為什麼認為他們錯了。	對或錯	

處理一對一會議期間的憤怒和負面情緒時，你應該……	對或錯	答對了嗎？
6. 鼓勵部屬說出自己的感受。	對或錯	
7. 表明你不喜歡他們憤怒的反應。	對或錯	
8. 馬上根據你當下的感受做出反應。	對或錯	
9. 避免問問題來深入了解議題。	對或錯	
10. 同理部屬對這個情況的觀點。	對或錯	
11. 馬上處理問題，即使部屬還在生氣。	對或錯	
12. 負起責任，為你在這個情況中扮演的角色道歉。	對或錯	
答對題數：＿＿＿＿＿		

答案：下面是每句話對或錯的答案。在你答對的題目旁邊打勾，接著計算打勾的數量，寫在最底下。

1.	對	7.	對
2.	錯	8.	錯
3.	錯	9.	錯
4.	對	10.	對
5.	錯	11.	錯
6.	對	12.	對

解釋：

- 答對 10–12 個：做得很好！請繼續運用這些技巧來處理一對一會議難題。
- 答對 7–9 個：做得不錯！請檢視答錯的題目，以幫助你更有效地處理這些一對一會議難題。
- 答對 0–6 個：請檢視答錯的題目，並運用本書內容來協助你更有效地應對這些一對一會議狀況。

主管與部屬之間召開的一對一會議,大概是建立一段互相滿意的關係最主要也最重要的方式了。這是成功領導力的核心。少了這樣的關係,信任感就會受損,團隊成員也會不願意深切而真誠地追隨主管的帶領。

——詮宏科技(Trane Technologies)主管

一對一會議的重點是培養有意義的人際關係。這些會議可以大大影響團隊對於你這位領導者的觀感、他們的工作,以及他們與組織的關係。這些會議可以成就或毀掉一個人的一天、一星期,甚至一年。大概沒有什麼比一對一會議更重要的了。這些個人時刻的長期影響力極為重大,應該要非常認真看待。

——勤業眾信主管

檢視篇

個部分所要討論的是，一對一會議過後需要做些什麼才能確保成功，並獲得這些會議的充分價值。

接著，我們會談到該如何評估一對一會議，並判斷這些會議是否真能發揮影響力，以及需要做出什麼改變，才能使它們對所有各方都發揮最大成效。

── 第 12 章 ──

會議結束之後

試想一個情境：賈梅爾和戴夫這兩名員工都是羅薩里歐的部屬。某天，這兩人都跟主管開了一對一會議。賈梅爾在一對一會議結束後有了明確的行動計畫，於是便接著履行他承諾要做的事。戴夫在一對一會議結束後也有行動計畫，但卻沒有完成承諾要做的事。

在解釋這兩種相反的行為模式時，我們往往會做出簡單的結論，認為賈梅爾很積極，戴夫較為被動；賈梅爾很有進取心，戴夫很懶散；賈梅爾有光明的未來，戴夫沒有。然而，研究人們為何經常不遵守承諾，其實可以看見更細微的角度，而不只是單純推斷賈梅爾很好、戴夫不好。

以下列出七個互有關聯的理由，可以更明白一個人為何沒有實現承諾。在這裡，我們將以戴夫為例。

理由 1：	戴夫沒有全心投入該行動。
理由 2：	戴夫可能認為自己已經實現承諾，但其他人可能不這麼認為。
理由 3：	戴夫忘了他承諾過什麼。

理由 4：	戴夫沒時間實踐承諾。
理由 5：	戴夫沒有把這個承諾放在最優先順位。
理由 6：	戴夫發現他沒有權力／技能／能力履行承諾。
理由 7：	某件事妨礙戴夫實踐承諾。

在檢視這些各不相同的理由時，會觀察到一些現象。首先，如果一對一會議（行動項目出現的源頭）的執行方式能夠真正滿足個人需求，理由 1 應該不會成立。也就是說，要是部屬感覺被聽見和尊重，且真正參與解決問題的階段，那麼他們致力實踐承諾的程度應該蠻高的。

其他理由則可以歸為兩大類：不夠清楚明瞭，因此限縮成功（理由 2 和 3）；個人／情勢因素導致成功受到限縮（理由 4 到 7）。好消息是，有方法可以移除這些阻礙。接下來分享的行為不僅可以提升你個人實踐承諾的能力，你也可以分享給部屬，幫助他們完成行動。

讓承諾變得清楚明瞭

透過共享檔案，可以讓部屬更清楚應該做到什麼承諾。請在開完會的 24 到 48 小時內，確定並發送一對一會議筆記的最終版（不是完整的會議紀錄）。雖然雙方都應該在會議中做筆

記,但是其中一人應該寄出一份會後總結。這件事可以雙方輪流做。接著,另一方若有需要可以進行補充,最後完成最終版。筆記通常包含兩個主要元素:

- 非必要:每一個議程項目的對話摘要。
- 必要:行動項目(包含支持行動)清單,明確列出誰要做什麼,以及期望的/截止日期的時間表。

以下是一對一會議結束後可以寄發的信件範本:

我們在 2023 年 8 月 28 日的一對一會議

珍:

今天很開心見到你。以下是我從我們的討論中得到的結論,請花點時間思索會議內容,並讓我知道是否有遺漏或需更改:

- 我會在本週結束前給你地區預測資料。
- 你將在下週一之前寄給我最新的專案管理時間表。最重要的是,你要指出需要我加入的地方。
- 我很期待聽你分享你對行銷部的報告進行得如何。
- 在你努力解決莎夏和戈登的衝突時,請讓我知道有沒有我幫得上忙的地方,希望我們討論的策略會有效。如果你需要,我很樂意寄給你公司內部的解決衝突學習模組。再跟我說。
- 關於職涯發展的部分,你可以選擇一個訓練課程,針對想取得進步的領域發展相關技能。
- 謝謝你告訴我你正在面臨的長照難題,請讓我知道需要時可以如何支持你。

祝你有個美好的一天!
主管　瑪麗亞

這類文件在確定最終版之後，就像某種契約，會讓雙方產生共識。這會促進問責，並增加正面行動發生的機率。這些紀錄也有助於準備未來的會議和進行後續的追蹤，在擬定下一次一對一會議議程時可以參考。

除此之外，這些筆記也可做為團隊成員的歷程檔案（特別是用來長時間追蹤某些主題或議題），在需要進行正式的人事行動時會非常有用，如績效評估、升遷和新工作的分配。

激發行動並克服個人與情境問題

不遵守承諾的後果很嚴重。首先，明顯、未實現的承諾會阻礙進展和效率。其次，沒有實踐承諾會損害那個說到卻做不到的人的名聲和地位。此人其實等於是賭上了自己的名譽，這最終可能會阻礙他在職涯中取得進展。想要實踐承諾和保持履行承諾的動力，可以考慮接下來介紹的三種行動。這些行動可以提高動力，但也提供了額外的建議，以協助克服阻礙。

首先，找一個問責夥伴，把你承諾要做的事情告訴另一個人，如同事、朋友或伴侶。這無疑會增加你的壓力，迫使你採取行動、履行承諾。問責夥伴也可以提供你需要的建議、諮詢和支持，助你取得進展和克服難關。定期向問責夥伴回報，這麼做會讓你保持動力。

> 在與我優秀的博士生傑克・弗林查姆所進行的研究中，主管在一對一會議期間做筆記的行為，會提高部屬對主管整體成效的評估。為什麼會如此？我們推斷，在一對一會議期間做筆記的主管會比較認真看待一對一會議，也比較會積極針對雙方同意的事項做出行動，且更願意支持部屬。這些行為可能會讓主管在團隊成員眼裡顯得更有效率，即使在一對一會議之外也是如此。此外，在一對一會議期間做筆記的主管很有可能給部屬更專注、更積極、更對部屬盡心盡力的感覺。

第二，確實安排時間實現承諾，因為我們通常會按照計畫行事。因此，你可以騰出一天、好幾天或好幾週的某些時段，進行你承諾要做的事。就好像你很少會錯過行事曆上的會議一樣，排定時間履行承諾會提高你完成的機會。

第三，如果你難以找到動力實現承諾，不妨從小事做起，逐漸累積衝勁。完成一點進度，以激發更多進度。[1]你甚至可以利用圖表記錄進度來提高專注力，看見自己的進步也很激勵人心。

想要帶動改變和進展，可以試試我的恩師馬歇爾・葛史密斯提出的每日一問法。[2]製作一份試算表，寫下你要努力完成的關鍵行為／行動，但以問句呈現。例如：「我今天有沒有盡

力與遠距員工溝通？」「我今天有沒有盡力贏回流失的顧客？」「我今天有沒有盡力及時回覆信件？」「我今天有沒有盡量避免在不值得的情況下證明自己是對的？」針對每一個問題，每天給自己打一個分數（試算表的欄位要按照日期排序）。

每天務必回答這些問題，像我就是在每天晚上八點做這件事。這可以幫助你時刻保持對這件事的關注，同時也可以記錄進展。假如沒有取得預期的進展，加以分析，需要時尋求支持，然後繼續努力。

針對這個方法，馬歇爾·葛史密斯在研究中分享了一些客戶的回饋。[3]以下這個回饋反映了許多受訪者的感受：「進行了幾天後，我知道當天稍晚得回答這些問題，於是就會嘗試設計自己的一天，在與他人互動時目的變得更明確，也更謹慎思考要如何運用時間。」想要同一天所有的問題都得到滿分，是不切實際的。

整個過程一定會出現一些小問題，但是整體而言，這個方法可以激發行動和改變，幫助實現目標。想要取得更多進展，可以在做出進展時給自己簡單的小獎勵，比方說休息一下、吃個點心、從事喜歡的活動等。

我從馬歇爾身上學到另一個技巧，可以驅動改變，同時協助改變重要利害關係人的觀感：當我們進行的行動與人有關，我們會希望周遭的人注意到我們在做什麼。我們會希望他人看見我們很投入、試著做到最好。這會使他們對我們產生同理，

當我們真的出紕漏時（這難免會發生），別人會願意相信我們，而不是想：「他又來了，戴夫就是這樣不在乎。」

這個技巧是這樣的：

1. 找出重要的利害關係人，也就是與你正在進行的行動有關或受其影響的人。
2. 告訴每一位（或每一組）利害關係人你在做什麼。
3. 詢問他們關於前期（例如前兩個月），該如何取得進展的建議。
4. 過了這段時間，告知他們事情進展如何，然後請他們再針對接下來兩個月給予建議。
5. 過了兩個月後，向他們回報，然後繼續重複整個過程。

這些行動可以讓他人看到你在做什麼、明白你的努力和付出，並讓這些利害關係人成為你「改變團隊」的一分子。所有這一切，再加上他們的建議，會讓行動更有可能實現、人們更有可能注意到。

假如你真的做不到某件事，最後只能違背承諾，這時請勇於承擔。向受到影響的人道歉，解釋發生了什麼事，詢問對方你可以如何彌補，並努力確保這種情況不再發生。

後續追蹤／問責

目前為止，我只把焦點放在一對一會議其中一方所做出的承諾。但是，一對一會議有兩個與會者，雙方通常都會做出承諾。如果你已完成自己的行動項目，而另一方卻沒有，以下這些點子會告訴你如何後續追蹤並敦促他們採取行動。

- 把你的進展和完成情況告訴對方。這通常會讓另一方動起來，因為這會帶來正面的壓力，但也不總是如此，因此你可能需要提醒對方。
- 要提醒對方，但不要天天提醒，而是以一種不給人壓迫感的節奏進行。有些人會在行事曆上安排確認對方進度的時間，這樣才不會忘記。
- 把提醒信全部放在同一個信件串，讓這些所有的東西都能在同一個地方找到。
- 若有需要，可以透過其他管道關心，像是拜訪對方的辦公室。
- 更改每次提醒／催促的內容，透過添加新的資訊、細節或問題，讓人感覺沒那麼囉嗦。
- 溝通時，表現出同理心和禮貌，例如：「我知道你很忙……」簡潔、溫暖、體諒對方的日程安排，會比短短一句提醒更容易令人接受。

當對方完成行動後，請表達你的欣賞和感激之情。假如在提醒後對方仍未實現承諾，可以在日後的一對一會議深入探討，以更了解整個狀況和可能存在的限制。願意釐清更多脈絡，而非單純責怪或生氣，表示你相信對方，能夠理解不同的要求有可能產生衝突。你也可以把自己變成一個資源。

　　最後，定期且頻繁召開一對一會議有一個好處，那就是問責性會自然形成。對方如果沒有完成承諾要做的行動，很有可能不用額外催促，因為他知道不久後的下一次一對一會議即將會討論到這件事。

　　在結束本章前，請讓我簡單提一下，第三部分的最後有兩份重要清單，可以幫助你給予和接收回饋，並且敦促行動和強化問責。

> **本章重點筆記**

- 遵守承諾：

  會議結束後，你和部屬都必須遵守你們承諾要做到的行動項目。違背承諾將有損信任感、傷害工作關係，且日後更難進行有成效的一對一會議。

- 違背承諾的情況通常可以避免：

  無法兌現承諾的可能原因有很多，但往往不是因為人們不想完成任務。例如，可能是行動項目不夠清楚明瞭，或者可能存在個人、情境方面的障礙，使得他無法實踐承諾。

- 有效地設定承諾：

  我們可以運用幾種策略，以確保承諾獲得實現。清楚說明行動項目是什麼，如此人們才知道自己要完成什麼；想辦法激發動力和減少阻礙；追蹤對方的進度和你自己的進度。

第 13 章

分析會議成效

請你快速回答：上下哪一條橫線比較長？

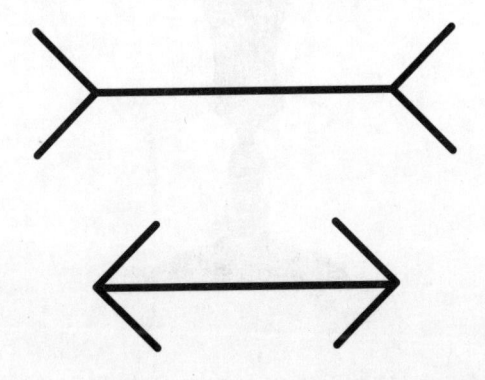

再次快速回答：左右哪一個黑點比較大？

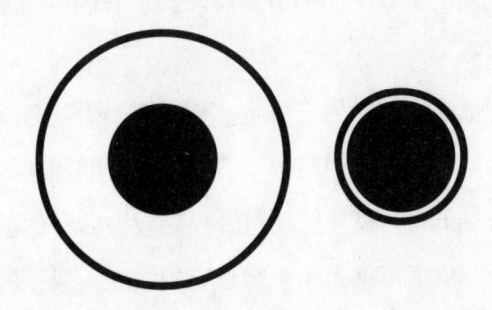

想知道答案嗎？第一張圖的兩條線一樣長，第二張圖的兩個點一樣大。大多數人都不這麼認為，是因為大腦欺騙了我們。換句話說，我們的認知往往是不正確的。然而，我們還是對自己的認知很有信心，因為我們是親眼所「見」的。這裡舉另一個例子，請快速看一下這張圖，你看到了什麼？

你看到的是一個花瓶，還是兩張對望的臉孔呢？在這張視錯覺的圖片中，這兩個截然不同的答案都是正確的。我們的感知會變成我們的真實，而那份真實影響了我們對周遭世界和自身行為的理解。

我們把這運用在一對一會議。想知道一對一會議是否真正發揮我們希望的成效，有時很不容易。主要問題在於，自我知覺（self-perception）儘管是我們最容易取得的評估工具，卻和這些視錯覺一樣很不準確，且容易受到扭曲。舉一個例子：在

一項研究中,近四千位主管被要求評估自己的指導技巧,這是一對一會議的基礎。直屬部屬也一起評估這些領導者的指導技巧。接著,研究者比較兩組的評分,發現結果並不一致。其中一個特別懸殊的例子是,很多主管(占樣本的24%)都認為自己的指導技巧高於平均水準,但他們的部屬對其卻只有倒數三分之一名的評價。這是多麼大的差異啊!心理學教授大衛・邁爾斯(David Myers)說過,人類非常容易高估自己的知識、技能、能力和人格特質。[1] 有趣的是,這個效應適用於生活的許多層面,包括評估自己的駕駛技術和智力等。我們真的不像自己以為的那般,常常認為自己比實際上還厲害。

綜上所述,你可能以為一對一會議進行得很順利,但你的部屬或許不這麼認為。有鑑於此,在思索一對一會議的品質時,我們需要竭力防止對一對一會議的有效性產生誇大的正向偏誤。以下提供三個方法:

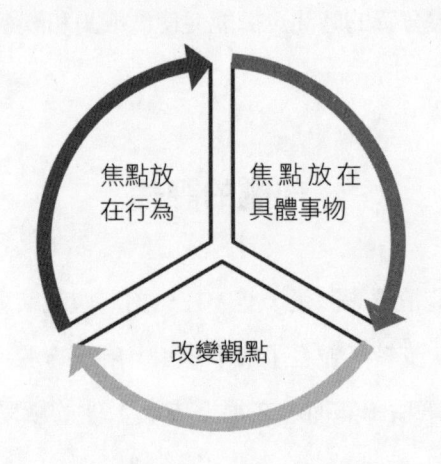

焦點放在行為　　焦點放在具體事物　　改變觀點

策略	描述
焦點放在具體事物	回顧時不要過於籠統廣泛,而是要求自己找出三個進行得很順利的具體時刻／行為,以及三個進行得不順利的具體時刻／行為。
改變觀點	以對方的觀點思考,站在對方的角度反思一對一會議。你的部屬會說有哪三件事進行得很順利、哪三件事進行得不順利?如果要提出三個方法讓會議變得更有價值,你的部屬會提出什麼?
焦點放在行為	把反思的焦點放在行為上,例如: • 你是否運用積極聆聽的技巧? • 你是否聆聽比說話的時間多? • 你詢問過部屬的點子或建議嗎? • 你或部屬的行動項目是否定義清楚? • 你提供過協助和支持嗎? • 你表達了感恩和讚賞嗎?

這三個方法會刺激批判性反思,降低你對自己的一對一會議產生認知扭曲的可能。定期在一對一會議結束後做這件事,這只需要花幾分鐘的時間,卻能促使你成長和改進。

部屬的評估

最理想的情況應該是,雙方在一對一會議結束後都感到被重視、尊重、支持,並且了解下一步、解決方法,以及彼此都同意要做的事項。然而,在很多方面,你的感受其實並不重

要。這是因為，一對一會議的定義就是為了部屬所開的會議。

因此，部屬對一對一會議的感受才是一對一會議是否成功的關鍵評斷標準。部屬是否真的認為一對一會議滿足他們的實務和個人需求？若是如此，那麼一對一會議就很成功；如果沒有，那麼一對一會議就沒那麼成功。

別誤會，在一對一會議期間，部屬確實有可能收到關於行動項目的批判性回饋，但只要有效地執行，在這些情況下，部屬的實務和個人需求還是能夠獲得滿足。

另外，請注意，我所謂的成功並不是指開完會後感覺開心愉悅（雖然這當然是附加好處，有的話絕對很好）。反之，一對一會議的目標是要滿足部屬的需求，讓他們感受到一對一會議的價值。

想要讓你的一對一會議進行得愈來愈好，請先問問每位部屬的回饋和想法。你可以定期在一對一會議進行期間或結尾階段完成。

你可以問這些問題：

- 我們今天的談話中最有用的部分是什麼？
- 這次一對一會議對你有價值嗎？為什麼？
- 我可以改變什麼做法，讓我們的一對一會議對你更好？

考慮到部屬有可能不敢說出真心話，另一個方法是透過匿

名制調查所有的部屬，詢問一對一會議哪裡做得好、哪裡不太好，以及可以如何改善。你也可以請他們以滿分五分的方式評估一對一會議的整體價值，再用一個開放式問題請他們說明評分的依據。如果調查結果反覆出現某些主題，便嘗試新策略。

願意對你的一對一會議進行修正和實驗是很重要的。假如實驗經過一段時間（例如三個月）都沒有效果，那就蒐集回饋、思索為什麼會沒效，然後再規劃下一個有時限的實驗，直到獲得合理程度的成功。

成功的滯後指標

一對一會議顯然會影響短期結果，但也會影響長期結果。雖然長期指標會受到一對一會議之外的許多外在因素所影響，但只要一對一會議頻繁召開且具有成效，這些指標應該就會朝正向趨勢發展。以下是一些值得思索的長期指標：

問題：	是或否
團隊的整體員工參與度有否改善？	是或否
團隊成員的生產力和留任／離職指標是否朝正向趨勢發展？	是或否
員工的績效評估是否逐漸改善？	是或否

問題：	是或否
部屬是否晉升到他們期望的職位？	是或否
部屬對你這位主管的評價是否逐漸改善？	是或否

總而言之，一對一會議是對時間、資源和金錢的投資，因此和任何投資一樣，也應該以多面向的方式進行長時間的評估。對某次一對一會議頗具成效的東西，兩個月後可能就不再適用；對某位部屬有用的東西，對另一位部屬可能不適用。

即使你認為目前的方式很有效，也要嘗試新作法，讓一對一會議保持新鮮感和高度參與。

> **本章重點筆記**

- **我們對一對一會議的感知可能是扭曲的：**
  和大腦產生視錯覺一樣，我們對一對一會議成效的看法也可能帶有偏誤。你可能認為你的一對一會議進行得很好，但部屬卻覺得不如平均。

- **運用策略拉近彼此觀點：**
  你可以運用策略檢查你對會議成效的看法是否誇大。例如在反思會議時，找出進行順利和不順利的具體部分；站在部屬的角度判斷會議成效，並關注你在會議期間的特定行為，看看這些行為是如何支持或阻礙成效。

- **詢問部屬的觀點：**
  你已經知道一對一會議的本質是為了部屬而設計。因此，會議的價值來自部屬對會議是否進行順利的看法。請他們針對會議的進行狀況提供回饋。接受回饋、做出改變，接著視調整後的效果再重新評估。

- **一對一會議也有滯後指標：**
  要看出一對一會議是否獲得長期成功，或會議的成效如何，最好的方法是利用各種滯後指標，如團隊的參與度是否提高？績效是否提升、離職狀況是否減少？部屬是否晉升到新職務？這些長期因素可以透過有成效的會議來支持，這是對你的員工、團隊和組織的投資。

檢視篇工具箱

下方列出的兩項工具與本書的＜執行篇＞和＜檢視篇＞都有關聯。

這些工具的終極目標是要促進問責與改變，進而增加一對一會議過後行動發生的機率，最終使得一對一會議更有價值。

1. 回饋和問責的檢查清單
2. 接收回饋並行動的檢查清單

工具 1

回饋和問責的檢查清單

這個工具是一份提醒清單，可協助你給予部屬回饋，要他們負起責任做出行動。請檢視每一個項目，並在已做到的項目旁打勾。接著，利用未勾選的項目，來改善回饋流程的成效。

回饋階段	關鍵行為	
部屬要求回饋（適用的話）	敞開心胸接受請求，並且務必同意提供回饋。	
	詢問部屬希望具體得到哪方面的回饋。	
	詢問部屬希望你如何傳達回饋。	
	感謝部屬勇敢要求回饋。	
	深入了解部屬為何想得到回饋。	
要求給予回饋	如果部屬沒有要求回饋，便詢問你是否能給予他們回饋。	
	表明給予回饋是為了支持他們，而非懲罰他們。	
給予回饋	以尊重的態度給出回饋。	
	給予回饋時簡潔有力。	

回饋階段	關鍵行為	
	回饋內容要明確。	
	焦點放在未來的行為（前饋）。	
	說明回饋日後會對部屬產生什麼幫助。	
部屬思考	給部屬時間思考回饋。	
	不要在他們思考時說話。	
	提醒自己，沉默沒有關係。	
部屬回覆	積極聆聽他們對回饋的想法。	
	不要在他們回覆時插話。	
	展現適當的肢體語言和眼神接觸。	
	看出他們是否浮現任何憤怒或其他負面情緒。	
規劃與協助改變	感謝部屬讓你給他們回饋。	
	回答他們關於回饋的任何問題。	
	訂定時間表，用以評估部屬改變行為的狀況。	
	和部屬一起設定清楚的目標，好讓他們根據回饋採取行動。	
	詢問部屬你能如何利用回饋，來給予他們支持。	
後續追蹤	詢問部屬改變進展得如何。	
	留意根據回饋觀察到的任何進展。	
	利用之後的一對一會議來追蹤進度。	
	不時提醒部屬回饋內容。	

工具 2

有效接收回饋並採取行動的檢查清單

這個工具是一份提醒清單,可協助你接收回饋並採取行動。請檢視每一個項目,並在旁邊打勾,愈多勾愈好。接著,利用未勾選的項目,來改善你日後接收回饋和採取行動的做法。

回饋階段	關鍵行為
要求回饋	在尋求你想要什麼樣的回饋時,要明確表達。
	清楚簡潔地說出你的需求。
	說明你希望對方如何傳達回饋。
	確定接收回饋的目標。
	告訴對方是什麼讓你想得到回饋。
聆聽	積極聆聽你接收到的回饋。
	等對方說完再回應。
	敞開心胸接受回饋,並保持好奇。
	展現適當的肢體語言和眼神接觸。
	聆聽是為了理解,而非爭辯。

回饋階段	關鍵行為	
思考	消化回饋和對方說的話。	
	平息你可能有的任何憤怒或負面情緒。	
	在思考回饋時,別急著替自己辯護。	
	提醒自己,回饋是為了幫助你。	
感謝	謝謝對方給你回饋。	
	即使不同意回饋,也要表達感激。	
	透過欣賞對方的想法,來建立融洽的關係。	
討論	告訴對方你明白剛剛得到的回饋。	
	釐清你對回饋產生的任何疑問。	
	針對回饋,你與對方的看法能夠保持一致。	
	共同努力,根據回饋制訂行動目標。	
	寫下能幫助你採取行動的任何東西。	
	確立進度的評估方式和時間表。	
改變	運用回饋幫助自己前進。	
	每天自問可以如何運用回饋。	
	使用試算表追蹤進度。	
	找一個問責夥伴來幫助你。	
	思索處理回饋的進度做得如何。	
後續追蹤	向對方回報你遇到的困難和阻礙。	
	讓對方知道你需要什麼協助。	
	在之後的一對一會議討論進展。	
	時間表一到,重新評估當下情況。	

一對一會議的重點是與工作夥伴建立有意義的關係。想要進行豐富深度的溝通、提供雙向回饋、建立信任與自信,及拉近彼此期望,這些會議可說是最強大的機制。此外,藉由一對一會議,也表示你願意投入資源以協助團隊成員成功,可鞏固彼此情感。

——美國教師退休基金會(TIAA)主管

一對一會議是與團隊進行有意義之深度互動的重要機制。這層連結會進而協助強化一致性,以及最重要的——帶來擁有共同目的與夥伴關係的感覺。

——摩根大通(JP Morgan Chase)主管

特殊情況篇

在本書的最後一篇,我們會談到幾個額外的主題。

首先是跨級一對一會議,雖然書中討論的內容大都適用,但還是有一些額外的細節和議題需要注意。

接著,我會討論如何避免過多會議的困境。最後,我會在第 16 章將所有內容串連起來。

第 14 章

跨級一對一會議

假如你的行動可啟發他人更敢夢、學更多、做更多、成就更多,你就是領導者。

——約翰・昆西・亞當斯(John Quincy Adams)

想要領導他人,但回過頭卻發現沒人跟隨,是一件很可怕的事。

——富蘭克林・羅斯福(Franklin Roosevelt)

　　這些前任美國總統所說的名言,為本章做了很好的鋪陳,因為這幾句話都點出領導者啟發他人、與人建立連結的重要性。要做到這些,跨級一對一會議是其中一個機制,亦即團隊成員與主管的主管之間召開的會議。

　　我先從近期蒐集的資料開始說起。55% 的受訪者表示沒有參加過跨級會議,45% 的人則表示有。也就是說,跨級一對一會議顯然是許多員工(接近半數)的工作活動之一。對於參與

過這類會議的人來說，他們的召開頻率有很大的差異，但最典型的節奏是每季一次。接著我又問，這些跨級一對一會議對你有價值嗎？他們的回答如下：

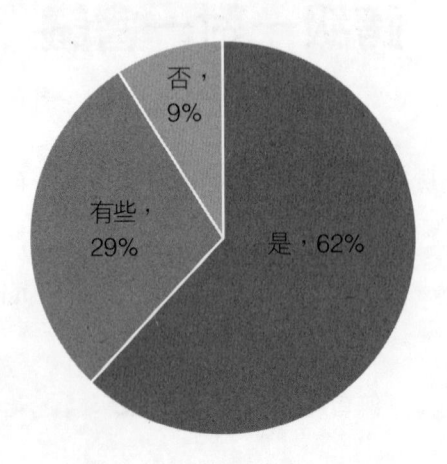

否，9%
有些，29%
是，62%

這些發現頗為驚人。只有 9% 的人回答「否」，令我覺得相當有意思。顯然，受訪者認為這個活動具有價值，儘管大多數領導者從沒受過相關的正式訓練。

因此，我認為跨級一對一會議的潛力很有可能比現況高上許多。我問受訪者的最後一個問題是：「你會希望參加跨級一對一會議嗎？」我向所有的受訪者問了這個問題，亦即目前參加和沒有參加過這些會議的人。大多數受訪者的回答都是肯定的，57% 的人表示自己想要有跨級一對一會議。而從那些回答「否」的人當中，可以看出三個主題：

1. **對我來說沒什麼意義**
    - 「我上司的上司是董事長,所以我回答『否』。」
    - 「不,因為我主管的主管就是執行長,所以我不會期待跨級一對一會議。」

2. **沒必要召開正式會議／他們本來就很好找了**
    - 「我們這裡蠻開放的,想跟負責人說話……直接傳訊息就可以。」
    - 「不太需要,因為我隨時都可以去找她,我們副總很容易接近。」

3. **不想與跨級領導者更密切合作**
    - 「不太想,因為她很沒有條理,又是很糟糕的溝通者。我喜歡她這個人,但我希望跟她相處的時間愈少愈好。」
    - 「不,他只是暫時代理,而且我不怎麼喜歡他。」

我覺得非常有趣的一點是,人們不想參加跨級一對一會議的理由並非不認同這個概念本身,而是與跨級職位的那個人或部屬的職務層級有關,或者是因為已經有其他溝通管道,所以沒有必要。

反之,回答肯定的人則是真的想要參與跨級一對一會議,其中可看出兩個互有關聯的主題:

1. 有利於一致性／得到洞察
    - 「會,因為我的工作有時感覺與整個團隊的工作脫節,我覺得這些會議可以幫助我將我的工作融入團隊所做的事情當中,並提高運用我的技能的機會。」
    - 「可以從主管的主管那裡直接知道他的優先順序,了解他對我的專案領域有哪些回饋,我覺得很好。」
    - 「會,因為這能幫助我們更了解彼此、配適得更好。」
    - 「會,我很樂意聽聽跨級主管對我們組織有什麼樣的策略規劃。」

2. 有利於建立關係／提高能見度
    - 「會,這樣我可以更認識那位主管,也讓主管更了解我的工作。」
    - 「會,可以建立關係。」
    - 「會,這樣我就有機會受到上司的上司指導,直接得知他／她和我上司所需要的資訊和決策素材有哪些偏好。我也會有機會表現自己,建立一種直接的關係,而不是只讓自己淪為抽象模糊的概念。我也可以知道哪些工具和技巧對他們的成功貢獻最大,或者他們認為身為高階主管,哪些工具和技巧對他人的成功貢獻最大。」
    - 「這會讓我在整個組織擁有更高的能見度。」

從上述引言絕對可以看出跨級一對一會議的潛在好處。現在，讓我們先回過頭看看跨級一對一會議的目標。

跨級一對一會議的目標

跨級會議能實現許多目的，以下列出受訪者最常提到的：

- **了解局勢**：跨級主管與部屬隔了好幾個層級，因此跨級會議可以讓這些員工分享他們對自己的專案、團隊和整個組織的回饋。其中一位受訪者以軍事比喻說明，表示與部屬的部屬會面可以獲取「第一線」情報。

    跨級會議也很適合用來了解你自己的部屬當主管當得如何。請注意，這絕對不是用來「刺探」某位主管的方式。如同這整章所討論的，我們不想利用跨級一對一會議傷害主管的地位。

    話雖如此，跨級會議確實有助於改善一個常見的擔憂：員工離開往往是因為有不好的主管，因為跨級一對一會議可以用建設性的方式直接處理問題。這些會議讓部屬有機會與上層主管談論任何士氣或管理方面的議題。

    此外，從部屬的部屬那裡得到回饋，可以讓你知道如何幫助部屬成為更好的主管，避免代價高昂的人員流失。

- **培養信任感**：與組織內不同層級的人建立和投資關係很重要。建立跨級關係可以讓較資淺的團隊成員對組織保持參與度與情感連結。

  努力與較低級別的員工建立融洽關係，如此一來當他們有任何點子，或遇到難關、感覺無助時，就更有可能來找你。跨級會議使你顯得更有人性、更平易近人。

- **得到回饋**：跨級部屬處在一個很有利的位置，很適合對你正在思索的點子和想法提出評估和意見。比方說，假如你正在考慮制訂一個新的激勵計畫，以便提升高層的內外服務品質。

  從跨級部屬那裡蒐集回饋，可以協助判斷這個計畫是否適合組織的所有層級，以及是否得到預期的反應。

- **分享資訊和建議**：跨級一對一會議可以讓你透過更私人的方式分享資訊；這裡指的可以是與特定專案、團隊或組織有關的資訊。

  這些會議也可以提供與職涯發展有關的諮詢，或討論未來的目標和里程碑。從主管的主管口中直接聽到這些資訊和建議是非常有幫助的，這能夠讓員工更能夠發自內心接受。

整體而言，跨級一對一會議讓你有機會蒐集和分享資訊、建立有意義的關係，並真正深入了解團隊和你自己的部屬發生

的事。此外,安排跨級會議也傳達了這樣的訊息,亦即組織內各層級的每一個人都很重要,值得你投入時間。

最後,將你從這些員工口中聽到的所有資訊整合起來,你說不定會發現某些常見的模式,在執行你的職務時可能非常有幫助。

執行跨級會議

跨級一對一會議有八個執行步驟,在第四部分的工具篇可以找到跨級會議最佳實務的檢查清單。這與主管和部屬之間的一對一會議當然有很多相似處,但也的確存在著差異。

1. 告知你的部屬

假如你的主管沒告知你,就開始安排與你的部屬進行跨級會議,你大概會十分擔憂和訝異。就像你不希望主管這樣做一樣,**請不要直接與部屬的部屬召開跨級一對一會議。**

首先,一定要向直屬部屬解釋你為什麼要召開跨級會議,並回答他們一開始會有的疑慮。你傳達這件事的方式很重要,以下這段文字範本可供你寫在電子郵件或在大型會議中發表:

新措施

戈登好：

我想通知你，我打算推動一項全新的員工參與度和體驗措施。我將與你的直屬部屬安排偶爾的跨級一對一會議，以便了解策略、和他們培養關係，同時深入認識他們對自身職務的觀點和經驗。

我召開這些跨級會議的整體用意，是要盡我所能協助部門及其內部員工發展與成長。我也會將任何與身為主管的你有關的普遍回饋或評語轉達給你。

我想說清楚，我並非要傷害你的領導身分或質疑你的管理能力。我對所有部屬都會推行這項措施，目的是要了解組織、團隊和團隊成員的情況。假如你收到或聽說團隊成員對這些跨級會議有任何回饋或改進的想法，請務必告訴我。

祝好！
莎夏
主管

　　如果你設定明確的期望，並與你的部屬建立信任的關係，他們就會更容易接受跨級會議的做法，而不會感到威脅。在完成幾輪跨級會議後，請記得回頭與你的部屬一同評估，以得知從他們的角度來看會議進行得如何。這會使他們感到被重視和包容，且積極參與整個過程。

2. 告知跨級團隊成員

　　假如你與跨級部屬先前未曾建立關係或定期接觸，他們可能會很疑惑你為何要求一對一會面，甚至直接做出結論，認為

一定是出了什麼事。為了避免這種情況，請事先傳達你的意圖和期望，確保他們明白自己沒有惹上麻煩，你也不是要查看（也就是刺探）他們或他們的主管。以下這個範本可供你透過電子郵件，或者在對話或開會期間使用：

　　我即將與你和你的團隊成員推動一項新措施，安排偶爾的一對一會議，又稱作跨級一對一會議。
　　我們在會議期間將認識彼此、談談當下進行順利和不順利的地方，並與彼此分享回饋和資訊。我會準備幾個問題來問你，但如果你想討論任何事情，我們就從那裡開始。諸如改善團隊的點子、你覺得我該知道的任何事，以及其他類似的主題，我都非常歡迎。
　　我也很樂意更廣泛地聊聊職涯議題。我們的第一次跨級會議將在〈日期和時間〉舉行，請告訴我這個時間你是否方便。我相當期待！

　　一開始就說明清楚你對這些會議的意圖和期待，可以減少人們會錯意或下錯結論的情形。

3. 擬定跨級會議的時程

　　選定一個適當的一對一會議頻率，可讓你與所有的跨級部屬建立連結，卻又不會使你過度操勞。最常見的策略是輪流召

開。這些跨級會議可以每季或逐月召開，要視團隊大小而定。通常這些會議的長度為 20 到 30 分鐘。重點是每週進行一小部分的跨級一對一會議，不要過多，否則會令自己招架不住。

我要強調，如果你的控制幅度不大，這也不表示你應該每週或隔週開一次跨級會議。過於頻繁的跨級節奏可能會成為問題，因為這會對主管不利，請加以避免。雖然跨級會議是很棒的措施，但你的主要溝通對象和聯繫點應該是你自己的部屬。

4. 擬定議程

跨級會議的議程與目前為止所討論的典型一對一會議有點不同。跨級部屬往往不會有任何迫切的問題或請求需要跨級主管協助或支持。因此，首先要給團隊成員時間，讓他們提出任何想到的問題，再轉往詢問一般性的問題。

▍適合提出的問題範例：

- 你一切都好嗎？
- 你有什麼需要我幫忙或單純只想聊聊的事情嗎？
- 有沒有什麼我不曉得、但是我知道了會有幫助的事情？
- 從你的觀點來看，團隊目前的表現如何？士氣如何？
- 你在工作中遇到哪些阻礙？
- 你覺得你明白自己的工作與組織的目標有什麼關聯嗎？
- 怎樣才能使你的工作更好？

> 假如你的控制幅度很大,例如超過 50 人,則你可以召開小組跨級會議,以保持效率。這個策略雖然省時,但是在團體中要建立個人的連結和關係會困難許多。這可能也會影響整個蒐集資訊的過程,因為當中會存在團體動力、從眾壓力等。

- 你覺得自己的職涯發展和目標受到支持嗎?
- 假設是由你負責監督團隊,你會採取什麼不同的做法?
- 還有什麼我們沒談到、但你想討論的東西?

你應該要挑選適合你與跨級部屬之間關係的問題。如果他們想要談論自己的直屬主管,以下是一些可以接著問的問題:

- 與你的主管共事最棒的地方是?
- 與你的主管共事最難的地方是?
- 你希望主管多做或少做什麼?
- 最近有沒有發生什麼情況,你希望主管可以採取不同的處理方式?
- 最近有沒有發生什麼情況,你覺得主管處理得很好?
- 你多久會和主管討論你的職涯規劃?這些對話通常進行得如何?

這些問題的目的，並非要你把聽到的每一件事都回報給跨級部屬的主管，你甚至不用回報任何事。你只是要專心找出在跨級部屬之間反覆出現且感覺重要的議題。然而，就算真的找到某些議題，也不表示你應該告訴你的部屬——這完全取決於你聽到什麼資訊。

話雖如此，某位關鍵或高潛力的人才可能會出現一些問題，儘管沒有反覆出現在其他人身上，但你仍應當與該員工的主管談談，以避免人員流失。無論你根據所得知的而做了什麼行動，都一定要非常謹慎小心，以免不經意導致跨級部屬因為與你談話而遭到主管懲罰。

步驟 5：建立融洽的關係

建立融洽的關係是跨級會議的重點所在，畢竟與主管的主管會面有可能因為權力差異而令人焦慮。找到與跨級部屬之間的共通點，會讓對話和連結更輕鬆。

試著提前從你的部屬（他們的主管）那裡認識跨級團隊成員，以協助鋪陳會議。例如：你和他們有共同興趣嗎？是否來自同一個家鄉？有相同的休閒嗜好嗎？子女年紀相仿？

重要的是，要表現出你想認識跨級部屬這個人本身。建立這層連結是關鍵，尤其是在最初的幾場會議。請回顧第 6 章，瀏覽那些為了更認識彼此而設計的問題。

步驟 6：有效地互動

第 8 到第 10 章討論了一對一會議的引導流程，包括帶著同理心聆聽等關鍵技巧。所有這些內容在跨級一對一會議固然也很重要，但是我在此想強調的是這句話：「你和你的主管聊過這件事了嗎？」在跨級會議期間引起你關注的某些情況，他們的直屬主管可能更有辦法處理，因此務必詢問跨級團隊成員是否向其直屬主管提出問題。他們的回答會透露寶貴的資訊，例如他們可能沒想過要告訴主管，或者他們害怕這麼做。

也或許，他們的主管採取令人意外的舉動，或者在沒有徵求部屬意見的情況下就提出解決方案。你當然希望讓跨級團隊成員知道，他們若遇到困難可以來找你，但是你也必須強調，他們的主管應該是他們第一個聯繫的人。

若他們有事傾向於不找自己的主管，你得了解原因並加以處理。接著，你可以指導他們的主管如何與部屬建立信任和融洽的關係，以開啟溝通的管道。

步驟 7：稱讚跨級部屬

讚美不會花費你任何東西，卻能對得到讚美的人產生相當正面的影響。如果你聽說某人工作做得很好，請告訴當事人！從組織內部較高層的領導者口中聽見真誠而具體的讚美，很可能感覺就像一份大禮。

詢問你的部屬，跨級團隊成員當中誰很優秀、誰盡心盡

力、誰有很大的潛力。讓表揚成為跨級一對一會議的一部分，以表明公司組織重視和欣賞員工付出的努力。

步驟8：後續追蹤和履行承諾

如果適用的話，清楚說明你在會議結束後會做些什麼，無論是解決問題、分享資訊，或落實他們的回饋和建議。這將有助於建立信任，讓跨級團隊成員有信心再來找你。

同時也要確保團隊成員清楚明白自己該做什麼，例如發送資訊給你、解決問題，或根據你的建議採取行動。重要的是，雙方都應該從這些談話中分擔自己的責任。

防範嚴重的問題

我想再次回到本章不斷試圖強調的重要主題：**小心不要損害你的直屬部屬的地位，也就是跨級部屬的主管。**由於你的領導階層很高，簡單的一句「聽起來不錯」就有可能被跨級部屬解讀成「好主意，就這麼辦！」也就是說，高階主管的建議往往會被當成命令。

因此，你的用字遣詞必須非常謹慎。你的目標是要了解情況，而非表達同意或不同意。你不能取代你的部屬，成為跨級部屬的主管。你應視情況需要，向他們的主管進行諮詢和溝

通，特別是關於你在許多跨級部屬身上都有觀察到的議題。

依循這些執行步驟或許感覺必須投入很大的心力，你可能覺得自己沒有時間做到。然而，我認為跨級一對一會議帶來的好處絕對值得你付出時間。

跨級會議對你、部屬的領導成效、員工的敬業度和連結，以及整個團隊的文化，都有可能帶來正面影響。最後，讓我引述訪問美國教師退休基金會的主管時聽到的一句話：

「跨級會議會帶來極為豐富的資訊。這讓你有機會真正深入看清現況、驗證你聽到的事情、建立連結、看見什麼是什麼。此外，跨級會議也傳達了每個人都很寶貴、你很好接近的訊息。」

> **本章重點筆記**

- **跨級會議助益良多：**

  跨級一對一會議是你與部屬的部屬之間的會議。儘管這些會議並非要你取代他們的主管，但是跨級會議的確很適合獲得「實地」見解，並提供團隊更高層的支持。

  跨級會議類似你和部屬召開的一對一會議，但是目的不一樣。這些一對一會議是用來：了解團隊和你負責監督的人所發生的事情；讓團隊中不同層級的人之間建立信任；分享資訊和建議。這些會議召開的頻率沒有那麼頻繁，但卻可以提供一般的一對一會議可能無法完全透露的見解。

- **不要直接召開跨級會議：**

  我再說一遍，不要直接召開跨級會議。要讓這些會議成功，你的第一步便是告訴你的直屬部屬你打算這麼做，同時告知原因。回答他們可能有的任何問題和疑慮，並重申這些會議的真正目的。

  接著，對跨級部屬也這麼做。假如你沒做到這幾個步驟，跨級一對一會議可能會讓人感覺是一種微觀管理，或者讓人以為自己的主管有什麼問題，或是團隊遇到了麻煩。

- **籌備一場成功的跨級會議：**

  說明完召開這些會議的原因後，開始為會議安排時間表。此外，也請務必擬定議程，把重點放在建立融洽關係，尤其是在會議初期。聽聽跨級部屬想要談論什麼，然後從那裡開始，但也隨時準備提出你的標準問題。在結束會議前，請盡可能稱讚跨級部屬，並後續追蹤你們承諾完成的任何行動項目。

- **不要損害你部屬的地位：**

  跨級會議相當適合用來了解你的部屬擔任主管的狀況，但請不要損害他們的地位。比方說，不要隨便同意跨級部屬的點子，因為這最終會變成你的部屬的責任，而他們或許對這些想法也有自己的意見。

  因此，你應該敞開心胸聆聽，詢問跨級部屬是否已和他們的主管談過這個想法。另外，也可以利用他們的疑慮和問題，來支持和培養你自己的部屬的領導技能。

第 15 章

會議量大增的應對方法

　　大多數專業人士都有很多會議要開，因此要在行事曆上添加更多會議，感覺實在很荒謬。為了騰出一些空檔，以下將分享幾個策略，以協助減少浪費且無效的會議時間，特別是你直接領導的會議或你領導的部門／團隊所要召開的會議。

　　本章討論的不只是一對一會議，還包括你其他所有的會議。這一章談的是如何精簡和改善你在所有會議上花費的時間，如此你就會覺得和團隊成員進行一對一會議更輕鬆容易。

減少開會時浪費時間的策略

　　身為一名領導者，你可以發揮很大的影響力改變開會的文化和做法。然而，會議的本質是一種共同經驗、社會現象，所以全體都必須積極參與改變的過程。你需要與團隊展開新的對話，在對話中確立新的認知與途徑，以打破固有的節奏、創造更健康的新路線。

我建議你與團隊展開兩場對話,以便更好地管理開會量。

對話 1:什麼情況需要或不需要開會

這場對話的重點是,讓每個人都知道什麼情況需要開會。也就是說,在發送會議邀請前,先自問三個問題:一、該會議是否有令人信服的目的?二、這個目的有必要大家親自參與互動,才能確保成功、讓大家都同意嗎?三、是否有其他溝通工具可以更有效率地達到目的,如非同步的會議或電子郵件等?假如答案分別為是、是,以及否,那就有必要開會。

為了幫助團隊清楚了解這些準則,可以舉出各種常見的會議狀況,大家針對每一種狀況集體決定是否需要召開會議,或者是否有其他的溝通管道,以及哪種管道較為適合。在這些方面達成集體協議,增強新的規範和期望。

接下來,與團隊一起審核會議。檢視所有定期召開的會議,針對每一場會議看看能否加以刪除、縮短時間或降低頻率。接著,針對每一場重複召開的會議,決定誰應該固定出席、誰應該偶爾出席、誰只需要參加會議的某一部分(也就是他們的職責只與議程的某一部分有關),以及誰只需要了解情況即可,像是會後發送會議紀錄給他們。如果你擔心團隊成員不願坦白,上述這些甚至可以透過快速的匿名調查完成。

善用審核得到的回饋,你應該就能大幅減少你和團隊的整體開會量。然而,我想補充的是,開會量這件事往往還有一個

更大的問題。我的研究顯示，把每件事都看得很重要的領導者和組織，其開會量比排定優先順序較為謹慎有策略的領導者和組織，還要多上許多。縱使已小心挑選和管理關鍵的優先事物，你還是需要逐一決定每場會議舉行的必要性。

不過，整體上你已掌控開會量的問題。記住，減少會議但不減少優先事物，可能會產生意想不到的後果，因為會議仍對員工參與度、建立關係和包容相當重要。基於這個原因，雖然我很推崇有原則的會議減量法，但我還是傾向於讓會議變得更有效率、更短、更精簡，以節省大家的時間──因此，我們需要第二場對話。

對話2：縮減會議時間

與團隊討論關於會議時間安排時，要意圖明確且深思熟慮，而不是單純使用行事曆軟體或應用程式的預設值（例如，60分鐘的區間）。和先前一樣，可以討論不同類型的真實和假設會議，以調整、校準眾人的期望。我們的希望是，透過這個過程可以縮短許多會議。這件事很重要，因為所謂的帕金森定律（Parkinson's Law）認為，分配給工作的時間有多少，工作量就有辦法填滿那個時段。[1]

所以，如果將會議設定為一個小時，很神奇，會議就是能開到⋯⋯一個小時。將會議設定成30分鐘也是一樣。但是，我們可以充分利用這條定律。不要遲疑，將會議設定成有別於

以往的時間長度,像是以 20 或 25 分鐘取代 30 分鐘,或者以 45 或 50 分鐘取代 60 分鐘,結果會議很有可能仍然能夠達到預期的目的,因為縮減會議時間也會產生正面壓力。研究證實,團體若處在某種程度的壓力之下,由於專注力和迫切性提高了,所以會表現得更好。[2]

因此,縮短會議不僅能節省時間,還能帶來更好、更有效率的成果。身為領導者的你,可以針對會議時間進行不同的實驗。縮減會議時間,尋找任何節省時間的機會——這是我們全都渴望得到的禮物。接受挑戰吧。減少會議時間後,整個團隊再一起討論實驗的成效。

從合作的角度來看,這兩場對話都有助於創造新的工作未來。這應該能夠把時間還給所有人。然而,這當中還有另一個要素,那就是更有效地運用會議時間。如果會議變得更有成效,你很可能就不需要開這麼多會了,因為你實際出席的會議將產生更清楚、且更引人注目的成果。

更好的會議

我曾針對會議領導力,訪問過世界各地數千位會議與會者。最棒的會議領導者似乎都有一個共通點,那就是他們都有類似的心態,他們認為自己是他人時間的管家。

有趣的是，在與重要客戶或上司開會時，領導者往往會把心態調整成管家身分，因為他們絕對不希望這些人離開會議時說：「真浪費我的時間。」

然而，在與團隊或同事開會時，管家心態卻常常被忽略，因為我們覺得會議的利害關係較低，因此很容易懶散地進行決策和引導會議。這大有問題，因為所有人的時間都很寶貴，不只是地位較高的人或我們有所求的人的時間才寶貴。

當你調整成管家心態，你從頭到尾都會對會議的決定和方法帶著很明確的意圖，籌備有成效的會議將變成你的焦點。況且，確立意圖和做出聰明的會議選擇一點也不花時間，熟練之後只需要一點時間便能完成。不過，這的確需要在事前思考一下。為了協助做到這一點，以下提供一些需要完成的決定，分成會議前、會議中，以及會議末三個階段。

會議前

▌引人注目的議程

量身訂做議程，為提高效率奠定基礎。我們都知道擬定議程的基本元素，像是蒐集與會者的意見和提前發送議程等等，所以我將直接介紹另一種創新做法，可提升包容性和有效性。

有別於一系列待討論的主題，可以試試把議程安排成一系列待回答的問題。這個舉動將讓會議領導者認真思索這場會議及其希望達成的目標。藉由將議程項目寫成問句，你會更知道

誰應該被邀請與會，因為他們與這些問題有關；藉由將議程項目寫成問句，你會知道何時該結束會議（問題得到答案的時候），以及會議是否成功（問題是否得到解答）；藉由將議程項目寫成問句，你等於創造了一個吸引人的挑戰，可以引誘與會者投入。假如你真的想不出任何該問的問題，這很可能表示你根本不需要開這場會。

▎積極控管會議規模

大型會議即使立意良好，也會損及會議的包容力，因為與會者發言的時間更少、協調方面的問題更大，且甚至還會出現「社會賦閒」（social loafing）的現象，也就是我們在與他人互動時無法深入，因為我們在大團體中感覺自己就像無名小卒，類似於躲在人群裡。[3]

因此，會議規模愈大，與會者就愈有可能社會賦閒。此外，大型會議也與較差的會議品質有關。[4] 所以，請勿邀請太多人與會。你可能會想邀請每一個人，讓大家感覺被包括在內，但這其實是錯誤的包容方式。

然而（這是個很重要的「然而」），我們的研究也顯示，員工雖然時常抱怨會議太多，但若沒有受邀出席會議也會令他們擔心。因此，為了避免未受邀的團隊成員感覺自己被邊緣化，需要事前進行對話或寄送電子郵件。這其實與錯失恐懼症（FOMO）有關，以下三段對話可以減輕錯失恐懼症：

1. 好好解釋你為什麼不需要他們出席，這會讓他們感覺自己並非被針對。

2. 讓他們有機會事先針對會議的討論主題提出意見，這會讓他們感覺自己仍受到重視。

3. 承諾會將重點和行動項目好好記下來，然後在會後寄給他們，這會消弭他們感覺自己錯過會議的焦慮感。

最後，還有一個會議前的做法可以縮減會議規模，那就是邀請人們出席會議的某一部分，而非整場會議。你可以運用議程來安排這些與會者的進場和離場時間。這會提升包容性和效率，卻又不會使會議膨脹過頭。此外，你也會節省這些與會者的時間，他們會很感激。

▌將線上會議錄起來（若有可能的話）

我們必須創造存在感，這樣可以提升參與度與包容性。影片讓這件事更有可能發生，並能減少多工處理的情形。沒錯，這會加重倦怠，但我寧願用別的方式應付會議倦怠，諸如縮減會議規模、縮短會議時間、使會議變得更有效等。我發現，這些才是會議倦怠更大的決定因素。

順道一提，另一個對付倦怠的好方法，是在行事曆上安排無會議的休息時段，並在會議之間伸展筋骨。最後，在視訊會

議選擇「隱藏本人視圖」功能，亦即你的鏡頭還是開著，別人看得到你，但你看不到你自己。隱藏本人視圖是很簡單卻非常有用的做法，因為開啟本人視圖時，我們很容易觀看自我，而這就是我們經歷心理疲勞和視訊倦怠的關鍵原因之一，因為這很不自然，會造成過度的自我評價。[5]

會議中

會議有好的開始，才可以帶來成效、參與和包容。身為會議領導者，你的心情很重要。研究證實，你會把心情傳染給與會者，他們的情緒會反映出你的情緒。[6]

帶著活力、欣賞和感激之情開始會議，在充滿挑戰的時期更要如此。這麼做比較有可能營造正向的會議情緒狀態，而這是很重要的，此舉可以促進參與、創意、聆聽和建設性──這些全都是會議包容性和有效性的關鍵。[7]我並非要領導者假裝正面，但是即使在困難的情況下，我們還是能展現活力、欣賞，也絕對可以表達感激。

▍積極引導會議

會議領導者必須要樂意扮演引導者的角色。你要引導與會者（例如：「珊蒂，請分享你的想法」），好讓他們持續參與其中。不要問得太空泛，像是：「有什麼意見嗎？」此外，也不要讓與會者講個不停或離題，必要時請和善地打斷談話，以便

其他人參與。這就是你身為會議領導者的工作，所有的與會者都會期望你做到這一點。此外，也可以鼓勵大型線上會議的與會者使用聊天室的功能。我曾針對聊天室進行初步的研究，發現這是讓更多聲音加入對話的重要機制。假如身為會議領導者的你要做的事太多，不妨指派某個人幫忙關注聊天室。

▌讓你的會議運作方式多元化

替換不同的做法。多元化的開會方式可以讓與會者更有活力、更想參與。比方說，有時候可以在會議中嘗試保持沉默。沉默可以提高效率和包容性，這幾乎是其他方式無法比擬的。

研究指出，在會議中保持沉默有助於蒐集更多與會者的想法、觀點和洞見。舉例來說，比較一下在沉默中腦力激盪（也就是直接打字在檔案裡），以及透過說話來腦力激盪這兩個組別，會發現沉默腦力激盪組可以產出比說話腦力激盪組多將近一倍的點子，而且那些點子通常更有創意。[8]

為何沉默腦力激盪可以帶來更多、更好的點子？這是因為，透過書寫來溝通時，大家可以同時「發言」，不用等輪到你的時候。除此之外，因為同時產出各種點子，過濾點子的情況會比較少。而好消息是，要做到沉默非常容易，只要在實際開會期間分享 Google 文件給與會者就可以了，或者也有眾多線上白板應用程式可運用。文件中應該包含需要與會者回答的重要問題，抑或是啟發腦力激盪的提示。

鼓勵所有與會者花一點時間在文件上貢獻自己的想法，例如 15 分鐘，或對於你要他們做的事來說合理的時間長度。在這段時間內，與會者應該要積極產出點子、評論他人的點子，並以書寫的方式積極協力合作。時間一到，領導者可以檢視內容並找出重複的主題、結論和下一步。或者，假如當下看不出明顯的結論，可以先結束會議，待你思考文件內容後再回頭通知與會者。

順道一提，就算是近況更新類型的會議也可以運用這個技巧。每個人都可以在共享文件中輸入更新的近況，然後與會者可以檢視和評論。這個方法非常有效，甚至可用非同步的形式完成，那麼做會帶來額外的好處，可以試試看。

會議末

不要逾時

雖然比預定的時間晚開會似乎會造成壓力，但是我們的研究也顯示，比預定的時間晚結束會對許多人造成更大的壓力，因此請好好結束會議。會議一定要有明確的收尾時期。剩下最後幾分鐘時，請務必說清楚會議的重點，並針對每一個重點指派直接負責人。

收尾時，可以摘錄重點。不需要完整記下會議的每一個細節，而是要將重點和行動項目整理成精簡的概要，讓這些資訊容易為出席會議及（甚至更重要的是）未出席會議的人取用。

針對你無法控制的會議（召開和領導會議的是別人），你在品質不佳的會議上減少浪費時間的選擇很有限。如果可以，有一個策略能夠提供一些幫助，那就是用不同的方式安排會議。也就是說，在行事曆上劃分出一個時段，用來進行不受干擾的深度工作。努力讓那段時間變得神聖不可侵犯。接著，允許會議安排在該時段以外的時間。

　　接下來，檢視你的定期會議。有沒有哪些會議你其實不需要出席或只是在浪費你的時間？對於那些不重要的會議，可以考慮詢問領導者是否可以只出席一部分的時間（與你有關的部分），而非整場會議。或者，你也可以和領導者聊聊是否可以不用出席所有會議，而是每三或四場只出席一次，其他時候則透過會議紀錄來了解狀況。當然，你也可以請領導者指出他們認為你確實需要參加的會議。

　　最後，若出現任何新會議，而你認為自己不需出席，可以和領導者聊聊，詢問他們的意見。通常，會議領導者會意識到自己為了秉持包容的精神而邀請了太多人。詢問後，他們大多都很樂意縮減與會人名單。

順道一提，如果你的議程安排是採取提問法，你可以把答案當成筆記記下來，分享給出席者和未出席者。

減少會議數量的組織級策略

很多組織都曾試過許多不同的策略，以減少會議時間和改善會議品質。以下提供一些在我合作過的組織中行之有效的策略。並非所有策略都適合你的組織，但有一些說不定剛好適合。我知道你個人可能沒有權力推行這些策略，不過我還是想把這些列出來，以提供完整的會議改進選項。

1. 有些組織會要求召開大型會議時（例如超過十人以上），需要得到較資深的主管同意。這聽起來或許有點嚴苛，但的確會讓人在擬定邀請名單時更加深思熟慮，而這才是重點。
2. 指派資深領導團隊的一名成員負責管理會議，將此變成重要工作流程之一。如此一來，會議的監控、關注和改進就成為組織結構的一部分。對其他價值極高的工作流程和活動，我們都會這樣做。例如，我們希望有一位首席技術或資訊長來監管組織的技術投資。
3. 更改行事曆系統的預設值，以縮短會議時間（如 25 分

鐘和 50 分鐘）。
4. 透過參與度與脈動調查來評估會議成效。創造一個「會議指標儀表板」，並將其與財務指標結合，以便輕鬆估算會議花費的金錢成本。如此可以創造問責性，讓會議變得更好。
5. 將會議領導技能的養成納入人才發展體系，如入職、高潛力計畫、指導和培訓等。
6. 可以考慮創造無會議的時段。目前關於這種方法是否有效的資料文獻褒貶不一，但若能有效執行，該方法還是頗具潛力。

結論

上述所有的建議都有助於為你的團隊節省時間，但最重要的是，這些建議應該會讓開會時間變得更有成效。雖然你無法控制他人的會議，但是可以控制自己的會議。你可以做出很棒的會議選擇；你可以實踐管家心態；你可以以身作則，然後希望他人也會跟你一起促進會議成效。

每一場會議都是一次契機，讓你可以發揮自己的影響力提高成效、解決會議超載的問題。所以，接受這些挑戰吧，這樣你就能夠更容易找到時間來實施和執行你的一對一會議，以獲得最大的收益。

> **本章重點筆記**

- 取消會議不是解方：

  儘管員工時常抱怨會議太多，但會議仍是組織民主不可或缺的一環。然而，有一些策略可以減少會議數量、提高會議效率，以應付過多會議造成的負面效應。

- 與你的團隊進行對話：

  身為領導者，你可以控制你的會議。從兩場與你的會議有關的對話開始。

  第一，針對哪些會議有必要、哪些會議沒必要設定好期望。運用這些新的準則來審核目前定期召開的會議，並做出相應的調整。

  第二，討論如何縮短會議進行的時間，像是將原本60分鐘的會議改成50分鐘。進行這些對話可以減少會議的數量和花費的時間，你的團隊會為此感謝你的。

- 提高會議效率：

  我們的目標不是取消會議，而是使會議變得更有效，以節省重做時間，同時減輕倦怠和挫敗感。身為領導者的你可運用各種策略達成這個目標，這些策略可分成會議前、會議中和會議末三個階段來談。

  這些實例包括擬定引人注目的議程、積極引導會議以提升活力、實驗沉默腦力激盪等不同的策略，以及在會議

結束時適當收尾以確保行動獲得執行。

- **組織級策略：**

    我發現組織也會運用各種策略來減少整體的會議量，包括大型會議必須獲得同意，以及在互動調查中納入會議指標。雖然你比較不容易左右組織級策略，且每個組織採用的策略也都有所不同，但這些確實有助於降低整體會議的數量。

第 16 章

最重要的投資

定義我們的並非所說所想,而是我們的行為。

——珍・奧斯丁(Jane Austen),《傲慢與偏見》、《理性與感性》作者

這句引言令我非常有感。我們的行為定義了我們,體現了我們認為重要的事物及我們真正的價值觀。我常常問領導者他們的理想價值觀,也就是他們希望做什麼、以什麼聞名。我得到很多不同的回答,但是有一些回答很常見,像是:

這些價值觀全都與一對一會議有關。也就是說,一對一會議是體現和(最重要的)活出這些價值觀的重要機制。

一對一會議也是組織價值觀的根本。讓我分享一些知名企業的價值主張,以便闡述這一點。在每一個主張中,我都使用粗體字點出與高成效的一對一會議明確相關的價值觀。

有耐心	慷慨、樂意給予
成長和發展	
帶來正向的改變	心存感謝
心胸開放、靈活	
提升、幫助和支持他人	值得信賴和依靠

英特爾	顧客第一，革新無懼，力求成果，**團結英特爾，包容、品質和正直——指引我們做出決定、對待彼此、服務顧客以達成他們的目標，並形塑科技，把科技變成向善的力量。** 我們因為共同的目標而團結、受到共同的價值所驅使，以實現我們的抱負、幫助顧客成功。
IBM	致力讓每一位顧客成功；為公司和全世界創造出重要的革新；**在每一段關係培養信任和個人責任。**
美國教師退休基金會	顧客放在第一；我們能夠激發信心；重視我們的員工；**互相照顧；正直行事；做正確的事。**
Adobe	真誠；卓越（致力創造卓越的體驗令員工和顧客滿意）；創新；接納（**我們對顧客、夥伴、員工和我們服務的社群非常包容、開放，會與他們積極互動**）。

> 是否有公司制定了一對一會議的相關政策,例如一對一會議的執行方式和開會頻率?我訪問了許多產業的頂尖領導者,卻發現除了思科(Cisco)之外,沒有任何組織制定一對一會議執行方針的正式政策,而是只有與績效管理有關的政策。因此,所有主管都只能自行摸索這個過程。
>
> 在某些公司或對某些領導者而言,一對一會議或許是常態,但卻很少有公司對於該如何有效執行這些會議,制定過任何正式、通用的方針或系統,或擁有任何明確的要求。為了協助推廣這一點,我在第四部分工具篇提供一套流程,用來制定適用於整個組織的一對一會議系統。

我可以繼續羅列更多組織的價值主張,幾乎在每個主張中你都會找到與一對一會議的關聯,因為它是表達這些價值觀的工具。像一對一會議這樣充滿意義、帶來正面影響的活動,不但能體現價值觀,包括個人價值觀和組織價值觀,還與個人和團隊的重要成功相關,這是多麼理想啊。然而,一對一會議是一種選擇,但從很多方面來說,我會認為一對一會議也是一種義務。這些會議體現了領導力,是在各個層面表達價值觀的重要方式。

結論

　　一對一會議是對員工的重要投資。這會花費很多時間嗎？當然。但是從某些方面來看則並非如此。例如，與一位團隊成員每週見面 30 分鐘或隔週見面 60 分鐘，一年下來總共是 25 個小時左右。既然執行得當的一對一會議可以帶來極佳的成果，這樣的會面時間算太多嗎？答案是否定的，因為科學證實，每週和隔週召開一次的一對一會議能夠提升敬業精神、績效和留任等關鍵成果。答案是否定的，只要你也認為一對一會議可以讓你表達你期許擁有的價值觀。答案是否定的，只要你認為員工的身心健康和成功對你也很重要。

　　我想強調的是，儘管這本書把焦點放在主管和部屬之間的一對一會議，但書中討論的許多內容也與其他類型的一對一會議有關，包括與同儕、顧客和供應商之間的一對一會議。讓他人感覺被看見和被聆聽，適用於每一段關係。滿足他人的個人和實務需求，適用於每一段關係。建立信任和履行承諾，適用於每一段關係。

　　讓我用一句靜思語為本書作結：「人生的意義與價值，不在於存活世間的久長，而在於自己為世間付出多少。」一對一會議讓我們有機會對他人、對團隊、對組織做出深刻且有意義的貢獻。藉由這麼做，看著鏡中的自己時，我們便知道自己奉獻了微薄之力，提振他人，也提升人類的工作境遇。

> **本章重點筆記**

- **一對一會議體現你的價值觀：**

  我們的行為顯示出我們的價值觀,而我們的價值觀則告訴他人什麼對我們來說是重要的。一對一會議是支持員工、展現你的領導能力、改善團隊與組織重要成果的關鍵方式。

  因此,雖然一對一會議看似一種選擇,但我卻認為這是一種義務。我希望本書能說服你相信這一點,並在你打造高成效一對一會議的旅途上提供幫助。

特殊情況篇工具箱

這裡分享了兩個工具：
1. 跨級會議的檢查清單
2. 一對一會議系統的建議

工具 1

跨級會議的檢查清單

這個工具可用來引進或評估你目前的一些跨級一對一會議做法。

步驟	描述	是否使用過？
告知你的部屬	在做其他事情之前，務必告知自己的部屬你要召開這些會議。說明這些會議的目的，確切來說就是解釋這些會議要做什麼（以及不會做什麼），並回答他們的任何問題。 如果沒有做到這一步，跨級會議可能會破壞你和部屬的關係及信任。	
告知跨級部屬	接下來，與跨級部屬進行和步驟 1 相同的對話。務必說明召開這些會議並不是因為他們有麻煩，而是為了讓他們跟你有面對面的時間，可以一同建立關係。	
擬定跨級時程	確立好期望之後，便可以擬定跨級會議的時程。這些會議不用像一般的一對一會議那樣頻繁舉行，但是應該要與所有的跨級部屬都召開一對一會議。 請確保開會時程不會讓你有任何一週特別操勞。	

步驟	描述	是否使用過？
擬定議程	跨級會議的議程和一般一對一會議有點不同。準備好一些通泛的問題，讓對方開口說話。判斷他們願意談論什麼，然後看看你們雙方可以獲得什麼資訊。讓他們有時間提出自己內心的問題。	
建立融洽關係	你和跨級部屬之間隔了兩個層級，因此對方可能會感到緊張害怕，請留意彼此間的權力差異，努力建立連結。 尋找與他們的共通點，以減少焦慮，這麼做可以帶來更開放誠實的對話。	
有效互動	提出問題。仔細聆聽。展現同理心。分享資訊和觀點。積極參與對方的想法。盡可能知無不言。 關鍵在於**絕對不要逾越你自己的直屬部屬（跨級部屬的主管）的職責**。一定要問跨級部屬是否有先問過自己的主管，在諮詢他的主管前，不要隨便答應會做出什麼行動。	
讚美跨級部屬	稱讚跨級部屬不會讓你付出任何代價，但對他們來說卻意義重大。請務必在合理的情況下認可他們出色的工作表現。你可以問你自己的部屬，他們的員工有什麼值得讚美和慶賀的地方。	
後續追蹤和履行	會議過後，務必追蹤任何需要追蹤的事物。必要時，鼓勵跨級部屬向他們的主管進行後續回報。 此外，如果你承諾會做某件事，例如發送資訊，也請務必做到。	

工具 1　跨級會議的檢查清單

工具 2
一對一會議系統的建議

以下這份檢查清單將帶你走過制定全組織一對一系統的步驟。這個方法取材自對成功實施人力資源和變革管理計畫的研究，以及思科全公司一對一會議的創新做法。你可以根據你的組織過去推動變革的經驗、文化和需求，來調整這套流程。

打勾	步驟
	找出提倡者：從高階主管（人資長、營運長、部門經理等）當中尋找做為系統「門面」的提倡者。
	組織團隊：組建一個跨部門的實行團隊來充實計畫，並確保所創建的系統適用於不同的部門和職位層級。
	確立願景：記錄這個一對一會議系統的重要希望、目標、指標，以及整體運作原則。要將一對一會議方法與組織價值觀，以及其他人資、人才系統連結起來，以促進整合，並減少新倡議常常予人「新寵兒」的印象。這個步驟寫下的目標也可以做為後續步驟的評估標準。

打勾	步驟
	制定系統細節：運用本書學到的知識來決定領導者該如何構建這個系統，例如應該要規定節奏和範本，還是允許領導者根據自己的意願量身訂做。與此相關的是，也要決定如何使用或不使用科技來促成這個一對一會議系統。可以運用非正式的做法，純粹使用共享的線上或紙本範本和文件，也可以運用較正式的系統，透過科技技術建構流程，包含團隊成員貢獻、領導者評估和行動規劃。思科的官網可找到一個絕佳的正式系統範例：https://www.cisco.com/c/r/team-develpoment/teamspace/checkins.html。
	多管道溝通：主動公開傳達關於這個一對一會議倡議的各個方方面面。處理透過這個系統召開一對一會議常會出現的疑慮，像是製作一份詳盡的問答集。同時，也協助各個領導者如何與他們的團隊討論這個倡議並回答相關問題。
	提供訓練：提供全面的訓練，以確保人們理解一對一會議及其流程、願景、實施方式和期許。
	啟動和支持系統：舉辦一個充滿意義的發表會活動，以創造興奮感。系統一旦正式上路，別忘了為領導者和團隊成員提供指導和支持，以解決他們的所有問題和疑慮。
	監控進展：如果你創造一個比較正式的科技驅動系統，請藉由儀表板監控系統的使用狀況。如果你決定採用非正式的系統，可利用脈動調查評估系統的使用狀況和成效，或將調查問題融入目前現有的互動調查系統。
	評估成效：評估系統對組織關鍵成果的影響。例如，使用這個系統是否影響員工的敬業度和留任？評估標準應該是系統願景宣言中提及的內容。理想的做法是，試著蒐集評估數據，供領導者得到如何進行最有成效的一對一會議的相關回饋。
	更新系統：參考團隊成員和領導者的評估和評語，根據需要微調和修改一對一會議系統，將這套系統的價值最大化。評估任何變化，以便系統持續改善。

註釋

前言

1. https://blog.lucidmeetings.com/blog/how-many-meetings-are-there-per-day-in-2022
2. van Eerde, W., & Buengeler, C. (2015). Meetings all over the world: Structural and psychological characteristics of meetings in different countries. In J. A. Allen, N. Lehmann-Willenbrock, & S. G. Rogelberg (Eds.), *The Cambridge handbook of meeting science* (pp. 177-202). New York, NY: Cambridge University Press.
3. van Eerde, W., & Buengeler, C. (2015). Meetings all over the world: Structural and psychological characteristics of meetings in different countries. In J. A. Allen, N. Lehmann-Willenbrock, & S. G. Rogelberg (Eds.), *The Cambridge handbook of meeting science* (pp. 177-202). New York, NY: Cambridge University Press.
4. https://www.bbc.com/news/magazine-17512040

第 1 章

1. Byham, T. M., & Wellins, R. S. (2015). *Your first leadership job: How catalyst leaders bring out the best in others*. Hoboken, New Jersey: John Wiley & Sons.
2. https://www.gallup.com/services/182138/state-american-manager.aspx
3. https://hbr.org/2016/12/what-great-managers-do-daily
4. Dahling, J. J., Taylor, S. R., Chau, S. L., & Dwight, S. A. (2016). Does

coaching matter? A multilevel model linking managerial coaching skill and frequency to sales goal attainment. *Personnel Psychology*, 69(4), 863–894.
5. https://twitter.com/adammgrant/status/1396808117069963275?lang=en
6. https://knowyourteam.com/blog/2019/10/10/the-5-mistakes-youre-making-in-your-one-on-one-meetings-with-direct-reports/
7. Kahana, E., Bhatta, T., Lovegreen, L. D., Kahana, B., & Midlarsky, E. (2013). Altruism, helping, and volunteering: Pathways to well-being in late life. *Journal of Aging and Health*, 25(1), 159–187. https://doi.org/10.1177/0898264312469665
8. Sneed, R. S., & Cohen, S. (2013). A prospective study of volunteerism and hyper-tension risk in older adults. *Psychology and Aging*, 28(2), 578–586. https://doi.org/10.1037/a0032718

第2章

1. DeMare, G. (1989). Communicating: The key to establishing good working relationships. *Price Waterhouse Review*, 33, 30–37.
2. https://en.wikipedia.org/wiki/Chinese_whispers

第3章

1. https://hypercontext.com/wp-content/uploads/2019/11/soapbox-state-of-one-on-ones-report.pdf

第4章

1. Csikszentmihalyi, M. (1975). *Beyond boredom and anxiety*. San Francisco: Jossey-Bass.
2. Csikszentmihalyi, M. (1997). Flow and education. *NAMTA Journal*, 22(2), 2–35.
3. Ceja, L., & Navarro, J. (2011). Dynamic patterns of flow in the work-place: Characterizing within-individual variability using a complexity science approach. *Journal of Organizational Behavior*, 32(4), 627–651.
4. Emerson, H. (1998). Flow and occupation: A review of the literature. *Canadian Journal of Occupational Therapy*, 65(1), 37–44.

5. Jett, Q. R., & George, J. M. (2003). Work interrupted: A closer look at the role of interruptions in organizational life. *The Academy of Management Review*, 28(3), 494–507.

第 5 章

1. Künn, S., Palacios, J., & Pestel, N. (2019). Indoor air quality and cognitive performance.
2. Park, R. J., Goodman, J., Hurwitz, M., & Smith, J. (2020). Heat and learning. *American Economic Journal: Economic Policy*, 12(2), 306–339.
3. Jahncke, H., Hygge, S., Halin, N., Green, A. M., & Dimberg, K. (2011). Open-plan office noise: Cognitive performance and restoration. *Journal of Environmental Psychology*, 31(4), 373–382.
4. Okken, V., Van Rompay, T., & Pruyn, A. (2013). Room to move: On spatial constraints and self-disclosure during intimate conversations. *Environment and behavior*, 45(6), 737–760.
5. Meyers-Levy, J., & Zhu, R. (2007). The influence of ceiling height: The effect of priming on the type of processing that people use. *Journal of Consumer Research*, 34(2), 174–186
6. Cohen, M. A., Rogelberg, S. G., Allen, J. A., & Luong, A. (2011). Meeting design characteristics and attendee perceptions of staff/team meeting quality. *Group Dynamics: Theory, Research, and Practice*, 15(1), 90–104. https://doi.org/10.1037/a0021549
7. Shi, T. (2013). The use of color in marketing: Colors and their physiological and psychological implications. *Berkeley Scientific Journal*, 17(1), 16.
8. Clayton, R., Thomas, C., & Smothers, J. (2015, August 5). How to do walking meetings right. *Harvard Business Review*. Retrieved from https://hbr.org/2015/08/how-to-do-walking-meetings-right
9. https://www.sciencedaily.com/releases/2014/06/140612114627.htm

第 6 章

1. https://sloanreview.mit.edu/article/leading-remotely-requires-new-communication-strategies/

第 7 章

1. Blanchard, K., & Ridge, G. (2009). *Helping people win at work: A business philosophy called "Don't mark my paper, help me get an A"*. FT Press.

第 8 章

1. Byham, T. M., & Wellins, R. S. (2015). *Your first leadership job: How catalyst leaders bring out the best in others*. John Wiley & Sons.
2. Judge, T. A., Piccolo, R. F., & Ilies, R. (2004). The forgotten ones? The validity of consideration and initiating structure in leadership research. *Journal of Applied Psychology*, 89(1), 36–51.
3. https://www.forbes.com/sites/joefolkman/2013/12/19/the-best-gift-leaders-can-give-honest-feedback/?sh=551c3b194c2b

第 9 章

1. Newman, A., Donohue, R., & Eva, N. (2017). Psychological safety: A systematic review of the literature. *Human Resource Management Review*, 27(3), 521–535.
2. Castro, D. R., Anseel, F., Kluger, A. N., Lloyd, K. J., & Turjeman-Levi, Y. (2018). Mere listening effect on creativity and the mediating role of psychological safety. *Psychology of Aesthetics, Creativity, and the Arts*, 12(4), 489.
3. Zenger, J., & Folkman, J. (2014, January 15). Your employees want the negative feedback you hate to give. *Harvard Business Review*.
4. Fisher, C. D. (1979). Transmission of positive and negative feedback to subordinates: A laboratory investigation. *Journal of Applied Psychology*, 64(5), 533–540.
5. Zenger, J., & Folkman, J. (2014, January 15). Your employees want the negative feedback you hate to give. *Harvard Business Review*.
6. Bond, C. F., Jr., & Anderson, E. L. (1987). The reluctance to transmit bad news: Private discomfort or public display? *Journal of Experimental Social Psychology*, 23(2), 176–187.
7. Minnikin, A., Beck, J. W., & Shen, W. (2021). Why do you ask? The effects of

perceived motives on the effort that managers allocate toward delivering feedback. *Journal of Business and Psychology*, 1–18.
8. Zenger, J., & Folkman, J. (2014, January 15). Your employees want the negative feedback you hate to give. *Harvard Business Review*.
9. https://marshallgoldsmith.com/articles/teaching-leaders-what-to-stop/
10. https://www.glassdoor.com/employers/blog/employers-to-retain-half-of-their-employees-longer-if-bosses-showed-more-appreciation-glassdoor-survey/
11. https://www.pnas.org/doi/10.1073/pnas.0913149107
12. https://journals.sagepub.com/doi/abs/10.1177/2167702615611073
13. https://www.ncbi.nlm.nih.gov/pmc/articles/PMC 7375895/
14. https://journals.sagepub.com/doi/10.1177/0898264310388272
15. https://www.tandfonline.com/doi/full/10.1080/00224545.2015.1095706

第 10 章

1. Rosenthal, R., & Babad, E. Y. (1985). Pygmalion in the gymnasium. *Educational Leadership*, 43(1), 36–39.
2. Kahneman, D., Fredrickson, B. L., Schreiber, C. A., & Redelmeier, D. A. (1993). When more pain is preferred to less: Adding a better end. *Psychological Science*, 4(6), 401–405.

第 11 章

1. Baldoni, J. (2010). *Lead your boss: The subtle art of managing up*. Amacom Books.
2. Nadler, A. (1997). Personality and help seeking. In *Sourcebook of social support and personality* (pp. 379–407). Springer, Boston, MA.
3. Geller, D., & Bamberger, P. A. (2012). The impact of help seeking on individual task performance: The moderating effect of help seekers' logics of action. *Journal of Applied Psychology*, 97(2), 487.
4. https://marshallgoldsmith.com/articles/try-feedforward-instead-feedback/

第 12 章

1. Amabile, T., & Kramer, S. (2011). *The progress principle: Using small wins*

to ignite joy, engagement, and creativity at work. Harvard Business Press.
2. https://marshallgoldsmith.com/articles/questions-that-make-a-difference-the-daily-question-process/
3. https://dialoguereview.com/six-daily-questions-winning-leaders/

第 13 章

1. Myers, D. G. (1980). *The inflated self.* New York: Seabury Press.

第 15 章

1. Parkinson, C. N., & Osborn, R. C. (1957). *Parkinson's law, and other studies in administration* (Vol. 24). Boston: Houghton Mifflin. Also see http://www.economist.com/node/14116121
2. Karau, S. J., & Kelly, J. R. (1992). The effects of time scarcity and time abundance on group performance quality and interaction process. *Journal of Experimental Social Psychology,* 28(6), 542–571.
3. Simms, A., & Nichols, T. (2014). Social loafing: A review of the literature. *Journal of Management,* 15(1), 58–67.
4. Aubé, C., Rousseau, V., & Tremblay, S. (2011). Team size and quality of group experience: The more the merrier? *Group Dynamics: Theory, Research, and Practice,* 15(4), 357.
5. Bailenson, J. N. (2021). Nonverbal overload: a theoretical argument for the causes of zoom fatigue. *Technology, Mind, and Behavior,* 2(1).
6. Barsade, S. G., Coutifaris, C. G., & Pillemer, J. (2018). Emotional contagion in organizational life. *Research in Organizational Behavior,* 38, 137–151.
7. Grawitch, M. J., Munz, D. C., Elliott, E. K., & Mathis, A. (2003). Promoting creativity in temporary problem-solving groups: The effects of positive mood and autonomy in problem definition on idea-generating performance. *Group Dynamics: Theory, Research, and Practice,* 7(3), 200–213.
8. Heslin, P. A. (2009). Better than brainstorming? Potential contextual boundary conditions to brainwriting for idea generation in organizations. *Journal of Occupational and Organizational Psychology,* 82(1), 129–145.

國家圖書館出版品預行編目（CIP）資料

高成效一對一會議寶典：不緊張、不白工，以前饋驅動成長，增進互信、激發動力，主管、部屬都受用的溝通指南 / 史蒂文. 羅吉伯格 (Steven G. Rogelberg) 作；羅亞琪譯. -- 臺北市：天下雜誌股份有限公司, 2025.05
288 面；14.8 x 21 公分. -- (天下財經；569)
譯自：Glad we met : the art and science of 1:1 meetings.
ISBN 978-626-7713-07-5(平裝)

1.CST: 組織管理 2.CST: 組織傳播 3.CST: 溝通技巧

494.2   114004727

© Steven G. Rogelberg
GLAD WE MET was originally published in English in 2024. This translation is published by arrangement with Oxford University Press. CommonWealth Magazine Co., Ltd. is solely responsible for this translation from the original work and Oxford University Press shall have no liability for any errors, omissions or inaccuracies or ambiguities in such translation or for any losses caused by reliance thereon.

GLAD WE MET 一書最初於 2024 年以英文出版。本翻譯著作是由與牛津大學出版社協議出版。天下雜誌股份有限公司對此翻譯著作負有唯一責任，牛津大學出版社對於該翻譯著作的任何錯誤、遺漏、不準確或模糊之處，以及因該翻譯著作而引起的任何損失概不負責。

天下財經 569

高成效一對一會議寶典
不緊張、不虛工，善用前饋增進互信、激發動力，主管、部屬都受用的溝通指南
Glad We Met: The Art and Science of 1:1 Meetings

作　　者／史蒂文・羅吉伯格（Steven G. Rogelberg）
譯　　者／羅亞琪
責任編輯／許玉意（特約）、張齊方

天下雜誌群創辦人／殷允芃
天下雜誌董事長／吳迎春
出版部總編輯／吳韻儀
出　版　者／天下雜誌股份有限公司
地　　址／台北市 104 南京東路二段 139 號 11 樓
讀者服務／（02）2662-0332　傳真／（02）2662-6048
天下雜誌 GROUP 網址／http://www.cw.com.tw
劃撥帳號／01895001 天下雜誌股份有限公司
法律顧問／台英國際商務法律事務所・羅明通律師
印刷製版／中原造像股份有限公司
總　經　銷／大和圖書有限公司　電話（02）8990-2588
出版日期／2025 年 5 月 5 日　第一版第一次印行
定　　價／430 元

Glad We Met
Copyright © by Steven G. Rogelberg 2024
This edition is published by arrangement with Oxford Publishing LTD
through Andrew Nurnberg Associates International Limited.
Complex Chinese copyright © 2025 by CommonWealth Magazine Co., Ltd.
All rights reserved.

書　號：BCCF0569P
ISBN：978-626-7713-07-5（平裝）

直營門市書香花園　地址／台北市建國北路二段 6 巷 11 號　電話／02-2506-1635
天下網路書店　shop.cwbook.com.tw　電話／02-2662-0332　傳真／02-2662-6048
本書如有缺頁、破損、裝訂錯誤，請寄回本公司調換

天下雜誌
觀念領先